新疆棉田杂草防除技术

王　林　赵冰梅　朱玉永　丁志欣　主　编

中国农业大学出版社
· 北京 ·

内容简介

本书主要内容包括：新疆棉田主要杂草的形态特征、分布区域和防除技术；化学除草的基本知识、棉田除草剂的作用特点和使用方法；棉田除草剂药害及其预防、补救措施；适宜新疆覆膜滴灌密植机采棉栽培模式的杂草综合防除技术措施等。本书贴近生产实际，结合编者多年从事棉田杂草防除研究和技术推广的经验编写而成，内容简明，图片丰富，彩色印刷，可用于乡村振兴高素质农民技术培训使用，也可供基层农技人员、农药经销商查阅参考。

图书在版编目（CIP）数据

新疆棉田杂草防除技术 / 王林等主编. --北京：中国农业大学出版社，2023.10

ISBN 978-7-5655-3086-9

Ⅰ.①新… Ⅱ.①王… Ⅲ.①棉田－杂草－识别②棉田－除草 Ⅳ.①S451

中国国家版本馆CIP数据核字（2023）第203963号

书　名　新疆棉田杂草防除技术
Xinjiang Miantian Zacao Fangchu Jishu

作　者　王　林　赵冰梅　朱玉永　丁志欣　主编

策划编辑　张　玉　　**责任编辑**　田树君

封面设计　中通世奥图文设计中心

出版发行　中国农业大学出版社

社　址　北京市海淀区圆明园西路 2 号　　**邮政编码**　100193

电　话　发行部 010-62818525，8625　　读者服务部 010-62732336

编辑部 010-62732617，2618　　出　版　部 010-62733440

网　址　http://www.caupress.cn　　**E-mail**　cbsszs@cau.edu.cn

经　销　新华书店

印　刷　涿州星河印刷有限公司

版　次　2023 年 11 月第 1 版　2023 年 11 月第 1 次印刷

规　格　185 mm × 260 mm　16 开本　13.75 印张　343 千字

定　价　59.00 元

编写人员

主　编　王　林　赵冰梅　朱玉永　丁志欣

副主编　马明亮　黄明智　郭世俭　徐小燕　张　强

编　者　（以姓氏笔画为序）

丁志欣　马江锋　马明亮　王　青　王　林

王　嵚　王燕萍　方红联　田　英　朱玉永

任燕成　安　楠　李丽青　李贤超　李国富

肖海兵　张　航　张　强　张邹琴　张智健

张新全　陈爱群　范爱华　杲先民　罗树凯

赵冰梅　柯贤浩　施维新　徐小燕　郭世俭

黄明智　翟振萍

前　言
PREFACE

新疆是我国最重要的优质商品棉生产基地，棉花机械采收是提升新疆棉花产业核心竞争力的重要举措。2022年，新疆棉区机采率达到85.6%，北疆大部分棉区机采率达到100%。杂草为害是影响棉花产量和品质的重要因素之一，与人工采摘棉田相比，机采棉田杂草不仅与棉花争光、争水肥、争空间，造成棉花营养缺失，长势欠佳，产量损失，还会影响棉花机械采收效率，增加籽棉的含杂率，同时杂草叶片的叶绿素及有色果浆在机械采收棉花的过程中还会污染棉花，形成有色棉，严重降低棉花的品质和等级。受耕作制度、栽培方式和化学除草等综合因素的影响，近年来新疆棉田杂草群落发生演变，禾本科杂草发生量逐年减少，阔叶杂草的发生量逐年增多，其中难防杂草龙葵跃升为优势杂草，在南北疆棉田快速蔓延；田旋花、扁秆荆三棱等恶性杂草也在局部棉田严重发生，对新疆棉花安全生产构成严重威胁。化学除草具有快速、高效、省力、经济的特点，已经成为现代农业技术不可缺少的组成部分，在保障农业稳产高产中发挥了巨大作用。但除草剂杀除的对象是与作物很接近的植物——杂草，因此，除草剂的使用技术比其他类农药更复杂，施药要求更加严格。只有选择合适的药剂，采用正确的施药方法，在有利的环境条件下，才能最大限度地发挥除草剂的除草作用和保证棉花的安全。目前，新疆棉花生产中盲目乱用、滥用除草剂问题突出，药效不佳、药害频繁发生，造成棉花种植成本大幅度提高。如何科学、合理、安全地使用除草剂，保障棉花生产安全和机采棉生产提质增效是当前棉花生产中亟待解决的问题，也是推动绿色发展，促进人与自然和谐共生，践行绿水青山就是金山银山发展理念的迫切需要。

鉴于基层农技人员、农药经销商和棉农普遍缺乏除草剂科学合理使用知识，急需提升科学防控杂草的能力，我们在多年从事棉田杂草防除技术研究、开发、推广的基础上，结合生产实际，编写了这本《新疆棉田杂草防除技术》。全书共分六章，第一章介绍新疆棉田杂草的发生与危害特点；第二章详细介绍新疆棉田主要杂草的形态特征、分布区域，并附有各种杂草的形态特征图；第三章介绍棉田杂草的各种防除方法；第四章阐述化学除草剂的基本知识，棉田除草剂产品性能、作用特点和使用方法，系统梳理影响除草剂药效及安全性的因素；第五章重点介绍棉田除草剂药害及其预防、补救措施；第六章介绍棉田除草剂安全高效使用技术及适宜新疆覆膜滴灌密植机采棉栽培模式的杂草综合防除技术措施等。

本书内容贴近生产实际，图文并茂，深入浅出，相信本书的出版将对提升基层农技人员、农药经销商和棉农科学防除机采棉田杂草起到促进作用，为实现棉田草害科学防控、机采棉优质、高效、安全生产做出贡献。

本书的编写得到了新疆生产建设兵团重大科技计划项目（2018AA006）的资金支持，中国农业科学院植物保护研究所黄红娟博士，中国农业科学院棉花研究所马小艳研究员，黑龙江省植检植保站林正平研究员，石河子大学王少山教授、王佩玲教授，第八师148团农业发展服务中心刘兆海、王淑玲，第七师126团农业发展服务中心黄北京，特杰特喷雾技术（宁波）有限公司姜兆伟，拜耳作物科学（中国）有限公司王华，新疆伟农科技发展有限责任公司侯伟、靖卫国，新疆禾邦农业科技有限公司石在强，奎屯天众农牧林科技有限公司路征，石河子科农农业植保信息服务部陈忠，亿农科技有限公司史忠洋等提供了部分照片，成书过程中还广泛征求了业界专家、基层农技人员及棉农的意见，在此一并表示衷心的感谢！

由于编者水平有限，书中存在错误或不足之处在所难免，敬请读者批评指正。

编　者

2023年5月

目 录

CONTENTS

第一章　新疆棉田杂草的发生与危害

一、杂草的危害

杂草是指在错误的时间、生长在错误的地方的植物，影响人类生产、生活及活动。机采棉田杂草的危害主要表现在以下几个方面：

1. 与棉花争水、争肥、争阳光，严重影响棉花正常生长

棉田杂草大都为 C4 植物，光合效率高，根系发达，生长迅速，营养生长能快速向生殖生长过渡，夺取水分、养分和光照的能力比 C3 植物棉花强得多，在棉田生态竞争中，处于优势地位，使棉花难以获得正常的营养条件，生长发育受到抑制。研究表明，棉田杂草龙葵与棉花竞争过程中，棉花的株高、茎粗、主茎节数均随龙葵密度的增加而降低，龙葵密度为 4 株 /m^2 时，棉花株高显著降低，7 株 /m^2 时，棉花茎粗和主茎节数显著降低。龙葵对棉花 4～6 节果枝结铃数和产量影响显著，龙葵密度达到 15 株 /m^2 时，棉花产量损失率为 100%。而据美国农业部报道，农业生产中，病、虫、杂草造成的损失，杂草占 42%，大大高于病（27%）、虫（28%）的损失。可见，棉田杂草是影响棉花生产的主要限制因素之一（图 1-1）。

图 1–1　棉田杂草严重影响棉花生长

2. 与棉花抢夺生存空间，阻碍棉花生长

新疆棉花种植采用地膜覆盖和膜下滴灌栽培方式，由于覆膜后膜内耕作层的土温高、底墒好，有利于杂草的萌发和生长，其中 85% 左右的杂草在棉花苗期和蕾铃期出土，迅猛生长，极易遮蔽棉株，占据棉田有利生存空间，阻碍棉花生长。蕾铃期若杂草丛生，会造成棉田通风透光条件差、相对湿度高，导致蕾铃大量脱落。仍以龙葵为例，在北疆棉田中，随着龙葵与棉花距离的减小，棉花株

高、茎粗、主茎节数显著降低，棉花果枝数、蕾数和铃数也呈现降低趋势。龙葵持续危害棉花 2 周，棉花株高显著降低，持续危害 6 周，棉花 4～6 节果枝结铃数、产量和品质均受到显著影响，产量损失率达到 17.54%。

3. 提供寄主空间，滋生繁殖病虫害

棉田许多杂草都是棉花主要病虫害的传播介体和中间寄主，加重了病虫害的发生与传播。如棉叶螨（图 1-2）、棉蚜、白粉虱能在多种杂草上寄生繁殖，棉铃虫喜欢在苘麻上产卵（图 1-3），棉田中苘麻大量发生会导致棉铃虫的危害。

图 1–2　病虫测报技术人员早春调查杂草上棉叶螨发生情况

图 1–3　苘麻对棉铃虫有诱集作用（圆圈内白点为棉铃虫卵）

4. 增加生产成本

新疆气候干旱少雨，蒸发量大，棉花生长需全生育期灌溉，由于膜下滴灌技术的应用，杂草种子不断萌发，在棉田滴头水后大量发生，丛生或伴生在棉花根部周围，特别在杂草多时，常常将地膜顶破。生产中通常采用人工拔草或加厚覆土的办法压草，加大了劳动力投入，降低植棉效益（图 1-4）。据调查，人工拔草成本 50～150 元 / 亩，尤其恶性杂草龙葵发生严重的棉田，整个棉花生长周期需拔草 5～6 次，费用 300～800 元 / 亩不等，植棉成本大幅度提高。

图 1–4　人工拔草、点药

5. 降低机采效率和棉花品质、等级

棉花机械采收是提升新疆棉花产业核心竞争力的重要举措，2022 年新疆棉花机采率达到 85.6%，北疆棉区如新疆玛纳斯县，新疆兵团（以下简称兵团）第五师、第六师、第七师、第八师机采率甚至达到了 100% 。与手采棉花不同的是，机采棉田的恶性杂草不仅会影响棉花前期生长发育，而且会降低后期机械采收作业效率、增加籽棉的含杂率，如亚灌木状的杂草龙葵和绕藤类的杂草田旋花等，在棉花吐絮成熟采摘时，依然郁郁葱葱，杂草植株汁液、浆果汁液势必会在机械采收过程中污染白色的棉花，形成有色棉，严重降低机采棉的品质和等级（图 1-5）。

图 1-5 棉田龙葵、田旋花机采前危害症状

二、杂草的分类

对杂草进行分类是识别和防除杂草的基础。杂草的分类方法有多种，这里重点介绍根据杂草形态学特征和生物学特征的分类。

1. 根据杂草形态学特征分类

（1）禾本科杂草　叶片狭窄而长，平行叶脉，叶无柄，叶鞘开张，包围茎秆。茎圆或略扁，茎秆有明显节和节间的区别，节间中空。常于基部分枝，称为分蘖；根为须根，无明显主根，胚具 1 子叶。如稗、狗尾草、芦苇等。

（2）莎草科杂草　叶片狭窄而长，平行叶脉，叶无柄，叶鞘闭合；茎三棱形或扁三棱形，常为实心，节与节间的区别不明显，胚具 1 子叶。多数为多年生杂草，营养繁殖器官多为根茎，少数为块茎或球茎，如扁秆荆三棱。

（3）阔叶杂草　多数阔叶杂草叶片宽阔，具网状叶脉，叶有柄，胚常具 2 子叶，棉田主要有龙葵、藜、苋等。但也有些阔叶杂草“名不符实”，叶片并不宽阔，如猪毛菜、碱蓬等。

2. 根据杂草生活史特性分类

（1）一年生杂草　以种子进行繁殖，在一个生长季节完成从出苗、生长到开花结实的生活史。如稗、狗尾草、灰绿藜、藜、小藜、反枝苋、马齿苋等。

（2）越年生杂草　在 2 个生长季节内或跨 2 个日历年度完成从出苗、生长到开花结实的生活史。通常是秋季发芽出苗，冬前进行营养生长，翌年春季至夏初开花结实，如荠菜、播娘蒿、猪殃殃等。

（3）多年生杂草　主要通过地下根茎繁殖，也可以通过种子繁殖，一次出苗，可在多个生长季节内生长并开花结实，如芦苇、田旋花、刺儿菜、狗牙根、扁秆荆三棱等。

三、新疆棉田主要杂草种类

新疆棉田杂草主要有阔叶杂草、禾本科杂草和莎草科杂草，以阔叶杂草为主（表 1-1），其中，龙葵、藜、灰绿藜为新疆棉田主要优势杂草，局部地区田旋花、扁秆荆三棱等多年生杂草发生严重。杂草群落主要由阔叶杂草组成，各棉区棉花不同生育期田间主要杂草群落见表 1-2。

表 1-1　新疆棉田主要杂草种类

杂草类群	科名	杂草名称	生长习性	繁殖方式
阔叶杂草	茄科	龙葵	一年生	种子
	藜科	灰绿藜	一年生	种子
		藜	一年生	种子
		小藜	一年生	种子
	苋科	反枝苋	一年生	种子
		凹头苋	一年生	种子
	旋花科	田旋花	多年生	种子、根茎
	锦葵科	苘麻	一年生	种子
		野西瓜苗	一年生	种子
	菊科	苦苣菜	一年生	种子
		苣荬菜	多年生	种子、根茎
		苍耳	一年生	种子
		花花柴	多年生	种子、根茎
		刺儿菜	多年生	种子、根茎
		蓟	多年生	种子、根茎
	马齿苋科	马齿苋	一年生	种子

续表

杂草类群	科名	杂草名称	生长习性	繁殖方式
禾本科杂草	禾本科	稗	一年生	种子
		狗尾草	一年生	种子
		芦苇	多年生	种子、根茎
莎草科杂草	莎草科	扁秆荆三棱	多年生	种子、根茎

表 1–2 新疆棉田主要杂草群落

棉花区域	棉花生育期		
	苗蕾期	花铃期	吐絮期
南疆棉区	龙葵 + 灰绿藜 + 凹头苋 + 扁秆荆三棱	龙葵 + 扁秆荆三棱 + 马齿苋 + 凹头苋	龙葵 + 田旋花
	龙葵 + 凹头苋 + 扁秆荆三棱	龙葵 + 扁秆荆三棱	龙葵 + 田旋花 + 扁秆荆三棱
	藜 + 田旋花 + 芦苇 + 苦苣菜	龙葵 + 田旋花	以田旋花为单一优势群落
	扁秆荆三棱 + 龙葵 + 马齿苋	藜 + 田旋花 + 稗 + 龙葵 + 芦苇 + 扁秆荆三棱	田旋花 + 藜 + 龙葵
		灰绿藜 + 龙葵 + 苣荬菜 + 藜	
		灰绿藜 + 凹头苋 + 龙葵	
北疆棉区	龙葵 + 藜 (或灰绿藜)+ 田旋花	龙葵 + 田旋花	龙葵 + 田旋花
	龙葵 + 藜	以龙葵为单一优势群落	龙葵 + 田旋花 + 藜
	以龙葵为单一优势群落	龙葵 + 反枝苋 + 马齿苋 + 苘麻	
	龙葵 + 扁秆荆三棱 + 田旋花	龙葵 + 藜 + 灰绿藜	
	龙葵 + 灰绿藜 + 反枝苋		
	灰绿藜 + 野西瓜苗 + 田旋花 + 龙葵		
东疆棉区	藜 + 反枝苋 + 龙葵	藜 + 反枝苋 + 龙葵	藜 + 龙葵 + 反枝苋
	反枝苋 + 马齿苋 + 芦苇	藜 + 反枝苋 + 狗尾草	藜 + 田旋花
		田旋花 + 芦苇 + 反枝苋	田旋花 + 龙葵

四、新疆棉田杂草发生危害特点

1. 出苗早，发生期长

新疆棉花种植采用地膜覆盖和膜下滴灌栽培方式，由于覆膜后膜内耕作层的土温高、底墒好，有利于杂草的萌发，因而杂草出苗早，一般膜下滴灌棉田全生育期共滴水10～12次，最后停水一般在8月下旬至9月初，每滴一次水后，都会有新的一批杂草萌发，导致杂草发生期长，杂草幼苗的萌发从3月底（南疆棉区、东疆棉区）或4月上旬（北疆棉区）一直持续到8月底（北疆棉区）或9月初（南疆棉区、东疆棉区），其中，棉花播种后至5月下旬期间出土的杂草占棉花全生育期杂草总数的55%左右，7月上旬至

8 月上旬出土杂草数量占总量的 30% 左右。因此，对机采棉田杂草的防除需贯穿棉花整个生育期，其中，早期杂草防除至关重要，若不及时采取除草措施，将导致杂草的大量萌发，甚至顶破地膜，影响棉花幼苗的生长，同时，又要高度重视采收期影响机采效率、污染棉絮的杂草，要尽早采取措施予以防除。

2. 阔叶杂草多，禾本科杂草少，多年生杂草局部重发

受高温高湿膜下滴灌植棉方式以及过度依赖和连续多年单一使用二硝基苯胺类除草剂（氟乐灵和二甲戊灵）的影响，新疆棉田杂草群落发生演变，禾本科杂草发生逐年减少，阔叶杂草的发生量逐年增多，占比超过 75%，其中由于龙葵的单株种子量大，种群萌发适宜温度范围更广，对高温不敏感，对逆境的耐受性更强，导致其在新疆棉田快速蔓延。多年生杂草扁秆荆三棱在局部地区的发生非常严重，虽然只是局部发生，但在所发生地块的田间密度很高。

3. 耐盐碱杂草居多

新疆属典型的大陆性气候，冬季严寒多雪，夏季炎热少雨，天气干燥，光热充足，蒸发量大，土壤盐碱化普遍，积盐程度高，灰绿藜、藜、小藜、碱蓬、猪毛菜等耐盐碱杂草居多。由于植棉方式的改变，膜下滴灌棉田土壤耕层含水率较高，且变幅不大，不利于耐旱杂草的生长。

4. 危害重，防除难

优势杂草龙葵具有繁殖力强、生长旺盛、生育期短（一年 2～3 茬）、连续多实性和落粒性等特点，头年秋季一株龙葵，能为来年产生上万粒甚至十几万粒的种子，扩散蔓延风险极大。龙葵对棉花的危害伴随棉花的整个生长期，前中期与棉花争水、争光、争肥，造成棉花营养缺失，长势欠佳，后期由于该杂草属于亚灌木植株，长势较高，到棉花采收的时间段仍青枝绿叶，挂满紫色的浆果，导致机械采收棉花的过程中杂草叶片的叶绿素及紫色的果浆严重污染棉花，降低棉花品质和等级。

田旋花繁殖和再生能力极强，生长迅速，能通过翻切的断根迅速蔓延，地下根系十分发达，最深可达 7 m，50%～70% 的根系位于 60 cm 的土层，田旋花一旦侵染定植后，很难彻底清除，对棉田造成极大危害，严重时可使棉株缠连郁闭，致使后期机采棉花的光合作用降低，产量下降，更主要的是增加棉花杂质含量，影响机采棉品质。

扁秆荆三棱为莎草科多年生杂草，有强大的地下根茎，生长势旺，竞争优势极强，出土时叶片能够穿透地膜，使地膜失去增温保墒的作用，严重抑制苗期棉花的营养吸收。一般除草剂对其药效不佳。

地膜植棉膜内较优的温湿条件为杂草迅速生长提供了良好的环境，棉花生长期杂草多发生于膜下及种孔处，与棉花并列生长，致使后期机械除草很难实施，人工除草费时低效。

二甲戊灵是新疆棉田杂草防除的主打药剂，研究表明，当前新疆棉田不同种群龙葵对二甲戊灵的敏感性有显著差异，推荐剂量下部分龙葵种群对二甲戊灵敏感性降低，抗性种群发生频率 30% 左右。部分田旋花种群也对二甲戊灵产生了较高水平的耐药性，优势杂草种群对二甲戊灵抗 / 耐药性的发生发展给机采棉田杂草有效防控带来了极大的挑战。

5. 不同棉区杂草发生略有差异

南疆抗旱耐盐碱杂草及多年生杂草发生量大，如灰绿藜、龙葵、藜、杂配藜、扁秆荆三棱、芦苇等。北疆龙葵、藜、灰绿藜、田旋花、猪毛菜、野西瓜苗、马齿苋、狗尾草等普遍发生，其中龙葵发生量大，部分严重危害棉田龙葵每平方米达千株以上。东疆杂草种类丰富，主要有藜、反枝苋、田旋花、龙葵、狗尾草、稗等，一年生禾本科杂草占比高于南北疆。

第二章　新疆棉田主要杂草及其识别特征

一、阔叶杂草

1. 龙葵

学　　名：龙葵（*Solanum nigrum* L.），一年生茄科茄属双子叶植物。

别　　名：黑天天、黑豆豆、野葡萄等。

形态特征：直立草本植物，高 0.25～1 m，茎无棱或棱不明显，绿色或紫色，近无毛或被微柔毛。叶卵形，长 2.5～10 cm，宽 1.5～5.5 cm，先端短尖，基部楔形至阔楔形而下延至叶柄，全缘或每边具不规则的波状粗齿，光滑或两面均被稀疏短柔毛，叶脉每边 5～6 条，叶柄长 1～2 cm。蝎尾状花序腋外生，由 3～10 朵花组成，总花梗长 1～2.5 cm，花梗长约 5 mm，近无毛或具短柔毛；萼小，浅杯状，直径 1.5～2 mm，齿卵圆形，先端圆，基部两齿间连接处成角度；花冠白色，筒部隐于萼内，长不及 1 mm，冠檐长约 2.5 mm，5 深裂，裂片卵圆形，长约 2 mm；花丝短，花药黄色，长约 1.2 mm，约为花丝长度的 4 倍，顶孔向内；子房卵形，直径约 0.5 mm，花柱长约 1.5 mm，中部以下被白色茸毛，柱头小，头状。浆果球形，直径约 8 mm，成熟时黑紫色，每粒成熟的浆果中包含种子 50～150 粒。种子近卵形，直径 1.5～2 mm，两侧压扁，淡黄色，表面略具细网纹及小凹穴。花果期 8～10 月，种子繁殖。

地理分布：几乎全中国均有分布。喜生于田边、荒地及村庄附近。新疆各地棉田均有分布，近年来成为新疆棉田主要害草。

2. 红果龙葵

学　　名：红果龙葵（*Solanum villosum* Miller），一年生茄科茄属双子叶植物。

形态特征：直立草本，高 0.2～1 m，多分枝，小枝被糙伏毛状短柔毛并具有棱角状的狭翅，翅上具瘤状突起。叶卵形至椭圆形，长 2～5.5 cm，宽 1～3 cm，先端尖，基部楔形下延，边缘近全缘，浅波状或基部 1～2 个齿，很少有 3～4 个齿，两面均疏被短柔毛；叶柄具狭翅，长 5～8 mm，被有与叶面相同的毛被。花序近伞形，腋外生，被微柔毛或近无毛，总花梗长约 1 cm，花梗长约 5 mm，花紫色，直径约 7 mm，萼杯状，直径约 2 mm，外面被微柔毛，萼齿 5 个，近三角形，长不及 1 mm，先端钝，基部两萼齿间连接处成弧形，花冠筒隐于萼内，长约 1 mm，冠檐长约 5 mm，5 裂，裂片卵状披针形，长约 3 mm，边缘被茸毛；花丝长约 0.5 mm，花药黄色，长约 1.5 mm，顶孔向内；子房近圆形，直径约 0.5 mm，花柱丝状，长约 3 mm，中部以下被白色茸毛，柱头头状。浆果球状，朱红色，直径约 6 mm；种子近卵形，两侧压扁，直径约 1 mm。花果期 8～10 月。

地理分布：河北（栽培）、山西、甘肃、新疆、青海和内蒙古等地均有分布。新疆哈密及石河子棉田较常见。

3. 田旋花

学　　名：田旋花（*Convolvulus arvensis* L.），多年生旋花科旋花属双子叶植物。

别　　名：小旋花、中国旋花、箭叶旋花、野牵牛、拉拉菀、狗狗秧、田福花等。

形态特征：缠绕草本，根状茎横走，茎平卧或缠绕，有条纹及棱角，无毛或上部被疏柔毛；叶柄长 1～2 cm；叶片戟形或箭形，长 2.5～6 cm，宽 1～3.5 cm，全缘或 3 裂，先端近圆或微尖，有小突尖头；中裂片卵状椭圆形、狭三角形、披针状椭圆形或线性；侧裂片开展或呈耳形。花 1～3 朵，腋生；花梗细弱，长 3～8 mm；苞片线性，长约 3 mm，与萼远离；萼片倒卵状圆形，无毛或被疏毛；缘膜质；花冠漏斗形，粉红色、白色，长约 2 cm，外面有柔毛，褶上无毛，有不明显的 5 浅裂；雄蕊的花丝基部肿大，有小鳞毛；子房 2 室，有毛，柱头 2 个，狭长。蒴果球形或圆锥状，无毛；种子 4 粒，椭圆形，无毛。花期 5～8 月，果期 7～9 月。可通过多年生根茎和种子繁殖、传播。

地理分布：分布于吉林、黑龙江、河北、河南、陕西、山西、甘肃、宁夏、新疆、内蒙古、山东、四川、西藏。新疆各地棉田均有分布，为棉田恶性杂草。

4. 菟丝子

学　　名：菟丝子（*Cuscuta chinensis* Lam.），一年生旋花科菟丝子属寄生草本植物。

别　　名：朱匣琼瓦、禅真、雷真子、无娘藤、无根藤、无叶藤、黄丝藤、鸡血藤、金丝藤、无根草、山麻子、豆阎王、龙须子、豆寄生、黄丝、日本菟丝子等。

形态特征：茎缠绕，黄色，纤细，直径约 1 mm，无叶。花序侧生，少花或多花簇生

成小伞形或小团伞花序，近于无总花序梗；苞片及小苞片小，鳞片状；花梗稍粗壮，长仅约 1 mm；花萼杯状，中部以下连合，裂片三角状，长约 1.5 mm，顶端钝；花冠白色，壶形，长约 3 mm，裂片三角状卵形，顶端锐尖或钝，向外反折，宿存；雄蕊着生花冠喉部；鳞片长圆形，边缘长流苏状；子房近球形，花柱 2 个，等长或不等长，柱头球形。蒴果球形，直径约 3 mm，几乎全为宿存的花冠所包围，成熟时整齐的周裂。种子 2～4 粒，淡褐色，卵形，长约 1 mm，表面粗糙。

地理分布：新疆棉田分布较少，偶有发生。

5. 反枝苋

学　　名：反枝苋 (*Amaranthus retroflexus* L.)，一年生苋科苋属双子叶植物。

别　　名：野苋菜、苋菜、西风谷等。

形态特征：草本植物，高 20～80 cm，有时达 1 m 多；茎粗壮直立，单一或分枝，淡绿色，有时具带紫色条纹，稍具钝棱，密生短柔毛。叶片菱状卵形或椭圆状卵形，长 5～12 cm，宽 2～5 cm，顶端锐尖或微凹，有小凸尖，基部楔形，全缘或波状缘，两面及边缘有柔毛；叶柄长 1.5～5.5 cm，淡绿色，有时淡紫色，有柔毛。圆锥花序顶生及腋生，直立，直径 2～4 cm，由多数穗状花序形成，顶生花穗较侧生者长；苞片及小苞片钻形，长 4～6 mm，白色，背面有 1 条龙骨状突起，伸出顶端成白色尖芒；花被片矩圆形或矩圆状倒卵形，长 2～2.5 mm，薄膜质，白色，有 1 条淡绿色细中脉，顶端急尖或微凹，具凸尖；雄蕊 5 枚，比花被片稍长；柱头 2～3 个，长刺锥状。胞果扁卵形至扁圆形，长约 1.5 mm，环状横裂，薄膜质，淡绿色，包裹在宿存花被片内。种子近球形，直径 1 mm，棕色或黑色，边缘钝。花期 7～8 月，果期 8～9 月。种子繁殖。

地理分布：分布于黑龙江、吉林、辽宁、内蒙古、河北、山东、山西、河南、陕西、甘肃、宁夏、新疆等地。新疆各地棉田均有分布，为棉田常见杂草。

6. 苘麻

学　　名：苘麻（*Abutilon theophrasti* Medicus），一年生锦葵科苘麻属双子叶植物。

别　　名：椿麻、塘麻、青麻、白麻、车轮草等。

形态特征：亚灌木状直立草本，高达 1～1.5 m，上部有分枝，茎枝被柔毛。叶互生，圆心形，长 5～10 cm，先端长渐尖，基部心形，边缘具细圆锯齿，两面均密被星状柔毛；叶柄长 3～12 cm，被星状细柔毛；托叶披针形，早落。花单生于叶腋，花梗长 1～3 cm，被柔毛，近顶端具节；花萼杯状，密被短茸毛，裂片 5 片，卵形，长约 6 mm；花黄色，花瓣 5 瓣，倒卵形，长约 1 cm；雄蕊柱平滑无毛，心皮 15～20 个，顶端平截，排列呈轮状，密被软毛。蒴果半球形，直径约 2 cm，长约 1.2 cm，分果爿 15～20 个，被粗毛，顶端具 2 个长芒；种子肾形，黑褐色，被星状柔毛。花期 6～8 月，果期 8～9 月。种子繁殖。

地理分布：分布于全国各地，新疆各地棉田均有分布，为棉田常见杂草。

7. 马齿苋

学　　名：马齿苋（*Portulaca oleracea* L.），一年生马齿苋科马齿苋属双子叶植物。

别　　名：马苋、五行草、长命菜、五方草、马苋菜、马齿草等。

形态特征：一年生草本，全株无毛。茎平卧或斜倚，伏地铺散，多分枝，圆柱形，长 10～15 cm，淡绿色或带暗红色。叶互生，有时近对生，叶片扁平，肥厚，倒卵形，似马齿状，长 1～3 cm，宽 0.6～1.5 cm，顶端圆钝或平截，有时微凹，基部楔形，全缘，上面暗绿色，下面淡绿色或带暗红色，中脉微隆起；叶柄粗短，有时具膜质的托叶。花无梗，直径 4～5 mm，常 3～5 朵簇生枝端；苞片 2～6 片，叶状，膜质，近轮生；萼片 2 片，对生，绿色，盔形，左右压扁，长约 4 mm，顶端急尖，背部具龙骨状凸起，基部合生；花瓣 4～5 瓣，黄色，倒卵形，长 3～5 mm，顶端微凹，基部合生；雄蕊通常 8 枚，或更多，长约 12 mm，花药黄色；子房无毛，花柱比雄蕊稍长，柱头 4～6 裂，线形。蒴果卵形至长圆形，长约 5 mm，盖裂；种子细小，多数偏斜球形，黑褐色，有光泽，直径不及 1 mm，具小疣状凸起。花期 5～8 月，果期 6～9 月。种子繁殖。

地理分布：全国各地均有分布，为田间常见杂草。新疆各地棉田均有分布，为棉田常见杂草。

8. 藏蓟

学　　名：藏蓟 (*Cirsium arvense* var. *alpestre* Nägeli)，多年生菊科蓟属双子叶植物。

别　　名：马刺盖、扎扎刺等。

形态特征：成株高 40～80 cm，茎直立，自基部分枝，有时不分枝，全部茎枝灰白色，被稠密的蛛丝状绒毛或变稀毛。下部茎叶长椭圆形、倒披针形或倒披针状长椭圆形，长 7～12 cm，宽 2.5～3 cm，羽状浅裂或半裂，基部渐狭，无柄或成短柄；侧裂片 3～5 对，中部侧裂片稍大，向上或向下的侧裂片渐小，全部侧裂片半圆形、宽卵形或半椭圆形，边缘 2～5 个长硬针刺或刺齿，齿顶有长硬针刺，长硬针刺长 3.5～10 mm，齿缘有缘毛状针刺，刺长不足 2 mm，顶裂片宽卵形、宽披针形或半圆形，顶端有长硬针刺，边缘有缘毛状针刺，长硬针刺及缘毛状针刺与侧裂片的相等长；或下部茎叶羽裂不明显，但叶缘针刺常 3～5 个成束或成组；向上的叶渐小，与下部茎叶同形并具等样的针刺和缘毛状针刺。全部叶质地较厚，两面异色，上面绿色，无毛，下面灰白色，被密厚的茸毛，或两面灰白色，被茸毛，但下面的更稠密或密厚。头状花序多数在茎枝顶端排成伞房花序或少数作总状花序式排列。总苞卵形或卵状长圆形，直径 1.5～2 cm，无毛。总苞片约 7 层，覆瓦状排列，向内层渐长，外层三角形，宽达 2 mm，包括顶端针刺长 6 mm，顶端急尖成 2.5 mm 的针刺；中层椭圆形，包括顶端针刺长 7～9 mm，顶端急尖成 3～4 mm 的针刺；内层及最内层披针形至线形，长 1.2～1.9 cm，宽 1～3 mm，顶端膜质渐尖。小花紫红色，雌花花冠长 1.8 cm，檐部长 4 mm，细管部为细丝状，长 1.4 cm；两性小花花冠长 1.5 cm，细管部为细丝状，长 9 mm，檐部长 6 mm。全部小花檐部 5 裂几乎达到基部。瘦果楔状，长 4 mm，宽 1 mm，顶端截形。冠毛污白色至浅褐色，多层，基部连合成环，整体脱落；冠毛刚毛长羽毛状，长 2.5 cm，向顶端渐细。花果期 6～9 月。以根芽和种子繁殖。

地理分布：分布于西藏、青海、甘肃及新疆等地。新疆各地棉田均有发生。

9. 蒲公英

学　　名：蒲公英（*Taraxacum mongolicum* Hand.-Mazz.），多年生菊科蒲公英属双子叶植物。

别　　名：黄花地丁、婆婆丁、华花郎等。

形态特征：根圆柱状，粗壮，表面棕褐色，皱缩，根头部有棕色或黄白色的毛茸。初生叶宽椭圆形，顶端钝圆，基部阔楔形，边缘有微细齿。成株叶根生，排列成莲座状，倒卵状披针形或长圆状披针形，长 4～20 cm，宽 1～5 cm，先端钝或急尖，边缘有时具波状齿或羽状深裂，有时倒向羽状深裂或大头羽状深裂，顶端裂片较大，三角形或三角状戟形，全缘或具齿，每侧裂片 3～5 片，裂片三角形或三角状披针形，通常具齿，平展或倒向，裂片间常夹生小齿，基部渐狭成叶柄，叶柄及主脉常带红紫色，疏被蛛丝状白色柔毛或几无毛。花葶 1 至数个，与叶等长或稍长，高 10～25 cm，上部紫红色，密被蛛丝状白色长柔毛；头状花序直径 30～40 mm；总苞钟状，长 12～14 mm，淡绿色；总苞片 2～3 层，外层总苞片卵状披针形或披针形，长 8～10 mm，宽 1～2 mm，边缘宽膜质，基部淡绿色，上部紫红色，先端增厚或具小到中等的角状突起；内层总苞片线状披针形，长 10～16 mm，宽 2～3 mm，先端紫红色，具小角状突起；舌状花黄色，舌片长约 8 mm，宽约 1.5 mm，边缘花舌片背面具紫红色条纹，花药和柱头暗绿色。瘦果椭圆形至倒卵形，暗褐色，长 4～5 mm，宽 1～1.5 mm，上部具小刺，下部具成行排列的小瘤，顶端逐渐收缩为长约 1 mm 的圆锥至圆柱形喙基，喙长 6～10 mm，纤细；冠毛白色，长约 6 mm。种子或地下根茎繁殖。花果期 4～10 月。

地理分布：广泛分布于全国各地。新疆各地棉田均有分布。

10. 苍耳

学　　名：苍耳 (*Xanthium Strumarium* L.)，一年生菊科苍耳属双子叶植物。

别　　名：卷耳、苓耳、胡菜、地葵、葈耳等。

形态特征：成株高 50～100 cm。根纺锤状，分枝或不分枝。茎直立不分枝或少有分枝，下部圆柱形，直径 4～10 mm，上部有纵沟，被灰白色糙伏毛。叶三角状卵形或心形，长 4～10 cm，宽 6～12 cm，近全缘，或有 3～5 片不明显浅裂，顶端尖或钝，基部稍心形或截形，与叶柄连接处成相等的楔形，边缘有不规则的粗锯齿，有基脉 3 出，侧脉弧形，直达叶缘，脉上密被糙伏毛，上面绿色，下面苍白色，被糙伏毛；叶柄长 3～11 cm；头状花序腋生或顶生，花单性，雌雄同株；雄性的头状花序球形，直径 4～6 mm，有或无花序梗，总苞片长圆状披针形，长 1～1.5 mm，被短柔毛，花托柱状，托片倒披针形，长约 2 mm，顶端尖，有微毛，有多数的雄花，花冠钟形，管部上端有 5 片宽裂片；花药长圆状线形；雌性的头状花序椭圆形，外层总苞片小，披针形，长约 3 mm，被短柔毛，内层总苞片结合成囊状，宽卵形或椭圆形，绿色，淡黄绿色或有时带红褐色。瘦果宽卵形或椭圆形，成熟时变坚硬，连同喙部长 12～15 mm，宽 4～7 mm，外面有疏生的具钩状的刺，刺极细而直，基部微增粗或几不增粗，长 1～1.5 mm，基部被柔毛，常有腺点，或全部无毛；喙坚硬，锥形，上端略呈镰刀状，长 2.5 mm，常不等长。瘦果 2 枚，倒卵形，长约 1 cm，灰黑色。花期 7～8 月，果期 8～9 月。种子繁殖。

地理分布：全国各省区均有分布，新疆各地棉田均有分布。

11. 野西瓜苗

学　　名：野西瓜苗（*Hibiscus trionum* L.），一年生锦葵科木槿属双子叶植物。

别　　名：香铃草、小秋葵、打瓜花、山西瓜秧、灯笼花、火炮草等。

形态特征：草本植物，茎稍柔软，常平卧，少直立，成株高 20～70 cm，全体被有疏密不等的细软毛，叶外形极像西瓜叶片，因而称为野西瓜苗；茎柔软，被白色星状粗毛，基部叶近圆形，边缘齿裂，中间裂齿较大，中间和下部的掌状叶，3～5 深裂，中裂片较长，两侧裂片较短，裂片倒卵状长圆形，先端钝，边缘具羽状缺刻或大锯齿；花单生叶腋，花梗长 2～ 5 cm，小苞片 12 片，线形，具缘毛；萼钟状，淡绿色，膜质，裂片三角形；花冠 5，淡黄色，具紫色心。花萼 5，膜质，上具绿色纵脉；雄蕊多数，花丝相结合成圆筒，包裹花柱；子房 5 室，花柱顶端 5 裂，柱头头状。蒴果圆球形，有长毛，直径约 1 cm，果瓣 5 瓣；种子成熟后黑褐色，粗糙而无毛，具瘤状突起。花果期 7～9 月。种子繁殖。

地理分布：我国各省区广泛分布，新疆以北疆地区棉田较为常见。

12. 花花柴

学　　名：花花柴 [*Karelinia caspia* (Pall.) Less.]，多年生菊科花花柴属双子叶植物。

别　　名：胖姑娘。

形态特征：多年生草本，成株高达 50～ 150 cm。茎粗壮，直立，多分枝，基部径 8～10 mm，圆柱形，中空，幼枝有沟或多角形，密被糙毛或柔毛，老枝除有疣状突起外，几无毛，节间长 1～5 cm。叶卵圆形、长卵圆形或长椭圆形，长 1.5～6.5 cm，宽 0.5～2.5 cm，顶端钝或圆形，基部等宽或稍狭，有圆形或戟形的小耳，抱茎，全缘，有时具稀疏而不规则的短齿，质厚，近肉质，两面被短糙毛，后有时无毛；中脉和侧脉纤细，在下面稍高起。头状花序长 13～15 mm，3～7 个生于枝端；花序梗长 5～25 mm；苞叶渐小，卵圆形或披针形。总苞卵圆形或短圆柱形，长 10～13 mm；总苞片约 5 层，外层卵圆形，顶端圆形，较内层短 3～4 倍，内层长披针形，顶端稍尖，厚纸质，外面被短毡状毛，边缘有较长的缘毛。小花黄色或紫红色；雌花花冠丝状，长 7～9 mm；花柱分枝细长，顶端稍尖；两性花，花冠细管状，长 9～10 mm，上部约 1/4 稍宽大，有卵形被短毛的裂片；花药超出花冠；花柱分枝较短，顶端尖。冠毛白色，长 7～9 mm；雌花冠毛有纤细的微糙毛；雄花冠毛顶端较粗厚，有细齿。瘦果长约 1.5 mm，圆柱形，基部较狭窄，有 4～5 纵棱，无毛。花期 7～9 月，果期 9～10 月。根芽和种子繁殖。

地理分布：分布于新疆准噶尔盆地、青海柴达木盆地、甘肃西北部和北部、内蒙古西部。新疆以北疆地区棉田较为常见。

13. 萹蓄

学　　名：萹蓄（*Polygonum aviculare* L.），一年生蓼科萹蓄属双子叶植物。

别　　名：鸟蓼、地蓼、扁竹、猪牙菜、竹片菜等。

形态特征：草本植物，成株茎长 10～40 cm。茎丛生，匍匐或斜上，基部多分枝，具明显的节及纵沟纹；幼枝上微有棱角；叶互生，叶柄短，2～3 mm，或无柄；叶片线状披针形或狭椭圆形，长 1～4 cm，宽 5～10 mm，顶端钝或尖，基部楔形，边缘全缘，绿色，两面无毛，下面侧脉明显，叶基具关节；托叶鞘膜质，抱茎，下部褐色，上部灰白色，具明显脉纹。花生于全株叶腋，全露或半露于托叶鞘之外；花梗短，顶部具关节；苞片及小苞片均为白色透明膜质；花被绿色，5 深裂，花被片椭圆形，长 2～2.5 mm，绿色，边缘白色或淡红色；雄蕊通常 8 枚，花丝短；花柱短，柱头 3 个。瘦果包围于宿存花被内，仅顶端小部分外露，卵形，具 3 棱，长 2～3 mm，宽约 1.5 mm，黑褐色，密被由小点组成的细条纹，无光泽。花果期 5～9 月。种子繁殖。

地理分布：分布于南方大部分地区。新疆棉田偶有发生。

14. 苜蓿

学　　名：苜蓿（*Medicago sativa* L.），多年生豆科苜蓿属双子叶植物。

别　　名：紫花苜蓿、紫苜蓿、路蒸等。

形态特征：多年生草本，高 30～100 cm。根粗壮，深入土层，根系发达。茎直立、平卧或斜向上，自基部分枝，四棱形，无毛或微被柔毛，枝叶茂盛。羽状三出复叶；托叶大，卵状披针形，先端锐尖，基部全缘或具 1～2 齿裂，脉纹清晰；叶柄比小叶短；小叶长卵形、倒长卵形至线状卵形，等大，或顶生小叶稍大，长 10～40 mm，宽 3～10 mm，纸质，先端钝圆，具由中脉伸出的长齿尖，基部狭窄，楔形，边缘 1/3 以上具锯齿，上面无毛，深绿色，下面被贴伏柔毛，侧脉 8～10 对，与中脉成锐角，在近叶边处略有分叉；顶生小叶柄比侧生小叶柄略长。花序总状或头状，长 1～2.5 cm，花 5～10 朵；总花梗挺直，比叶长；苞片线状锥形，比花梗长或等长；花长 6～12 mm；花梗短，长约 2 mm；萼钟形，长 3～5 mm，萼齿线状锥形，比萼筒长，被贴伏柔毛；花冠紫色，花瓣均具长瓣柄，旗瓣长圆形，先端微凹，明显较翼瓣和龙骨瓣长，翼瓣较龙骨瓣稍长；子房线形，具柔毛，花柱短阔，上端细尖，柱头点状，胚珠多数。荚果螺旋状紧卷 2～6 圈，中央无孔或近无孔，直径 5～9 mm，被柔毛或渐脱落，脉纹细，不清晰，熟时棕色；种子 10～20 粒。种子卵形，长 1～2.5 mm，平滑，黄色或棕色。花期 5～7 月，果期 6～8 月。种子繁殖。

地理分布：全国各地都有分布，有栽培或呈半野生状态，偶有侵入耕作田。新疆各地棉田偶有发生，靠近牧区的棉田发生较多。

15. 骆驼刺

学　　名：骆驼刺 (*Alhagi sparsifolia* Shap.)，多年生豆科骆驼刺属双子叶植物。

别　　名：骆驼草。

形态特征：半灌木，成株高 10～80 cm。茎直立，具细条纹，无毛或幼茎具短柔毛，自基部开始分枝，枝条平行上升，枝上多刺，刺长 1.2～2.5 cm。叶互生，卵形、倒卵形或倒圆卵形，长 8～15 mm，宽 5～10 mm，先端圆形或微凹，具短硬尖，基部楔形，全缘，无毛，具短柄；叶柄长 3～10 mm；总状花序，腋生，花序轴变成坚硬的锐刺，刺长为叶的 2～3 倍，无毛，当年生枝条的刺上具花 3～8 朵，老茎的刺上无花；花红色或紫红色，长 8～10 mm；苞片钻状，长约 1 mm；花梗长 1～3 mm；花萼钟状，长 4～5 mm，被短柔毛，长为萼筒的 1/4～1/3；花冠深紫红色，旗瓣倒长卵形，长 8～9 mm，先端钝圆或截平，基部楔形，具短瓣柄，翼瓣长圆形，长为旗瓣的 3/4，龙骨瓣与旗瓣约等长，子房线形，无毛。荚果条状或厚而近圆柱状，常弯曲，种子间缢缩成串珠状，内面具隔膜，但荚节不断离，种子肾形。花果期 6～9 月。种子繁殖。

地理分布：主要分布于宁夏、新疆、甘肃、青海等地的沙荒地、盐渍化低湿地和覆沙戈壁上。新疆各地棉田均有分布。

16. 地肤

学　　名：地肤 [*Kochia scoparia* (L.) Schrad.]，一年生藜科地肤属双子叶植物。

别　　名：地麦、落帚、扫帚苗、扫帚菜、孔雀松等。

形态特征：成株高 50～100 cm。根略呈纺锤形。茎直立，圆柱状，多分枝，淡绿色或带紫红色，有多数条棱，稍有短柔毛或下部几无毛；分枝稀疏，斜上。叶为平面叶，单叶互生，披针形或条状披针形，长 2～5 cm，宽 3～9 mm，无毛或稍有毛，先端短渐尖，基部渐狭入短柄，通常有 3 条明显的主脉，边缘有疏生的锈色绢状缘毛；茎上部叶较小，无柄，1 条脉。花两性或雌性，通常 1～3 个生于上部叶腋，构成疏穗状圆锥状花序，花下有时有锈色长柔毛；花被近球形，淡绿色，花被裂片近三角形，无毛或先端稍有毛；翅端附属物三角形至倒卵形，有时近扇形，膜质，脉不很明显，边缘微波状或具缺刻；花丝丝状，花药淡黄色；柱头2个，丝状，紫褐色，花柱极短。胞果扁球形，果皮膜质，与种子离生，包于宿存的花被内；种子扁平，倒卵形，黑褐色，长1.5～2 mm，稍有光泽。花期6～9月，果期7～10月。种子繁殖。

地理分布：全国各地均有分布，尤以北部省区较为普遍。新疆各地棉田均有分布。

17. 播娘蒿

学　　名：播娘蒿 [*Descurainia sophia* (L.)Webb ex Prantl]，一年生或二年生十字花科播娘蒿属双子叶植物。

别　　名：大蒜芥、米米蒿、麦蒿等。

形态特征：成株高20～80 cm，全株呈灰白色，有毛或无毛。茎直立，上部分枝，具纵棱槽，密被分枝状短柔毛。茎生叶居多，茎直立，分枝多，叶片为2～3回羽状全裂或深裂，末端裂片条形或长圆形，裂片下部叶具柄，上部叶无柄。叶轮廓为矩圆形或矩圆状披针形，长3～7 cm，宽1～2 cm，末端裂片条形或条状矩圆形，长2～5 mm，宽1～1.5 mm，先端钝，全缘，两面被分枝短柔毛；茎下部叶有柄，向上叶柄逐渐缩短或近于无柄；花序伞房状，具多数花；具花梗；萼片4片，直立，早落，长圆条形，先端钝，边缘膜质，背面有分叉细柔毛；花瓣4瓣，黄色，长圆状倒卵形，长2～2.5 mm，或稍短于萼片，具爪；雄蕊6枚，比花瓣长1/3。长角果圆筒状，长2.5～3 cm，宽约1 mm，淡黄绿色，无毛，稍内曲，与果梗不成1条直线，果瓣中脉明显；果梗长1～2 cm。种子每室1行，黄棕色，种子形小，多数，长圆形，长约1 mm，宽约0.5 mm，稍扁，淡红褐色，表面有细网纹。花果期4～9月。

地理分布：全国各地均有分布。新疆棉田偶有发生。

18. 银蒿

学　　名：银蒿（*Artemisia austriaca* Jacq.），多年生菊科蒿属双子叶植物。

别　　名：银叶蒿、小白蒿等。

形态特征：多年生草本，有时成半灌木状。主根木质，斜向下；根状茎细或稍粗，匍地或斜向上，有营养枝，并密生营养叶。茎直立，多数，高 15～50 cm，基部常扭曲，木质，直径 2～5 mm，分枝长或短，斜向上或贴向茎；茎、枝、叶两面及总苞片背面密被银白色或淡灰黄色略带绢质的茸毛。茎下部叶与营养枝叶卵形或长卵形，3 回羽状全裂，每侧有裂片 2～6 片，小裂片狭线形，具长叶柄，花期上述叶凋谢；中部叶长卵形或椭圆状卵形，长 1.5～4 cm，宽 1～2.5 cm，2～3 回羽状全裂，每侧有裂片 2～3 片，裂片椭圆形，3 全裂或羽状全裂，小裂片狭线形，长 2～12 mm，宽 0.5～1 mm，先端钝尖，叶柄长 0.5 cm；上部叶羽状全裂，无柄；苞片叶 3 裂或不分裂，而为狭线形。头状花序卵球形或卵钟形，直径 1～2 mm，无梗，多数，斜展或下垂，稀少上展，在分枝或小枝上排成密穗状花序，而在茎上组成开展的圆锥花序；总苞片 3～4 层，外层总苞片短小，披针形或线状披针形，背面密被银白色或灰白色绢质茸毛，边狭膜质，中、内层总苞片卵形，长卵形或长卵状匙形，半膜质至膜质；花序托小，凸起；雌花 3～7 朵，极小，花冠狭管状或狭圆锥状，檐部具 2～3 个裂齿，花柱线形，略伸出花冠外，先端 2 叉，稍叉开；两性花 7～8 朵，花冠管状，檐部背面有短柔毛，花药线形，上端附属物尖，长三角形，基部圆钝。瘦果椭圆形，略扁，顶端有小突起。花果期 8～10 月。

地理分布：新疆北疆地区棉田较为常见。

19. 甘草

学　　名：甘草（*Glycyrrhiza uralensis* Fisch.），多年生豆科甘草属植物。

别　　名：国老、甜草、乌拉尔甘草、甜根子等。

形态特征：多年生草本，根与根状茎粗壮，直径 1～3 cm，外皮褐色，里面淡黄色。具甜味。茎直立，多分枝，高 30～120 cm，密被鳞片状腺点、刺毛状腺体及白色或褐色的茸毛。叶长 5～20 cm，托叶三角状披针形，长约 5 mm，宽约 2 mm，两面密被白色短柔毛；叶柄密被褐色腺点和短柔毛；小叶 5～17 片，卵形、长卵形或近圆形，长 1.5～5 cm，宽 0.8～3 cm，上面暗绿色，下面绿色，两面均密被黄褐色腺点及短柔毛，顶端钝，具短尖，基部圆，边缘全缘或微呈波状，多少反

卷。总状花序腋生，具多数花，总花梗短于叶，密生褐色的鳞片状腺点和短柔毛；苞片长圆状披针形，长 3～4 mm，褐色，膜质，外面被黄色腺点和短柔毛；花萼钟状，长 7～14 mm，密被黄色腺点及短柔毛，基部偏斜并膨大呈囊状，萼齿 5 个，与萼筒近等长，上部 2 齿大部分连合；花冠紫色、白色或黄色，长 10～24 mm，旗瓣长圆形，顶端微凹，基部具短瓣柄，翼瓣短于旗瓣，龙骨瓣短于翼瓣；子房密被刺毛状腺体。荚果弯曲呈镰刀状或呈环状，密集成球，密生瘤状突起和刺毛状腺体。种子 3～11 粒，暗绿色，圆形或肾形，长约 3 mm。花期 6～8 月，果期 7～10 月。

地理分布：主要分布于新疆、内蒙古、宁夏、甘肃、山西等地。新疆各地棉田均有分布。

20. 骆驼蓬

学　　名：骆驼蓬（*Peganum harmala* L.），多年生蒺藜科骆驼蓬属植物。

别　　名：臭古朵、臭骨朵。

形态特征：高 30～70 cm，无毛。根多数，粗达 2 cm。茎直立或开展，由基部多分枝。叶互生，卵形，全裂为 3～5 条形或披针状条形裂片，裂片长 1～3.5 cm，宽 1.5～3 mm。花单生枝端，与叶对生；萼片 5 片，裂片条形，长 1.5～2 cm，有时仅顶端分裂；花瓣黄白色，倒卵状矩圆形，长 1.5～2 cm，宽 6～9 mm；雄蕊 15 枚，花丝近基部宽展；子房 3 室，花柱 3 个。蒴果近球形，种子三棱形，稍弯，黑褐色、表面被小瘤状突起。花期 5～6 月，果期 7～9 月。种子繁殖。

地理分布：在我国分布于宁夏、内蒙古（巴彦淖尔市、阿拉善盟）、甘肃（河西）、新疆、西藏（贡噶、泽当）等地。新疆各地棉田均有分布。

21. 碱蓬

学　　名：碱蓬 [*Suaeda glauca* (Bunge) Bunge]，一年生藜科碱蓬属植物。

别　　名：老虎尾、和尚头、猪尾巴、盐蒿、碱蒿子等。

形态特征：茎直立，粗壮，圆柱形，高达30～100 cm，浅绿色，有条棱，上部多分枝，枝细长，上升或斜伸。叶丝状条形，半圆柱状，通常长1.5～5 cm，宽约1.5 mm，灰绿色，光滑无毛，稍向上弯曲，先端微尖，基部稍收缩。花单生或2～5朵簇生于叶腋的短柄上，呈团伞状，花被于果期呈五角星状，大多着生于叶的近基部处；两性花花被杯状，长1～1.5 mm，黄绿色；雌花花被近球形，直径约0.7 mm，较肥厚，灰绿色；花被裂片卵状三角形，先端钝，果时增厚，使花被略呈五角星状；雄蕊5枚，花药宽卵形至矩圆形，长约0.9 mm；柱头2个，黑褐色，稍外弯。胞果包在花被内，果皮膜质。种子横生或斜生，双凸镜形，黑色，直径约2 mm，周边钝或锐，表面具清晰的颗粒状点纹，稍有光泽；胚乳很少。花果期7～9月。

地理分布：碱蓬是典型的盐生植物，分布于黑龙江、内蒙古、河北、山东、江苏、浙江、河南、山西、陕西、宁夏、甘肃、青海、新疆等地。新疆各地棉田均有分布。

22. 猪毛菜

学　　名：猪毛菜（*Salsola collina* Pall.），一年生藜科猪毛菜属植物。

别　　名：扎蓬棵、刺蓬、三叉明棵、猪毛缨、叉明棵、猴子毛、蓬子菜、乍蓬棵子、蓬豆芽、轱辘娃子等。

形态特征：成株高 20～100 cm，茎自基部分枝，枝互生，伸展，茎、枝绿色，有白色或紫红色条纹，生短硬毛或近于无毛。叶片丝状圆柱形，伸展或微弯曲，长 2～5 cm，宽 0.5～1.5 mm，生短硬毛，顶端有刺状尖，基部边缘膜质，稍扩展而下延。花序穗状，生枝条上部；苞片卵形，顶部延伸，有刺状尖，边缘膜质，背部有白色隆脊；小苞片狭披针形，顶端有刺状尖，苞片及小苞片与花序轴紧贴；花被片卵状披针形，膜质，顶端尖，果期变硬，自背面中上部生鸡冠状突起；花被片在突起以上部分，近革质，顶端为膜质，向中央折曲成平面，紧贴果实，有时在中央聚集成小圆锥体；花药长 1～1.5 mm；柱头丝状，长为花柱的 1.5～2 倍。胞果倒卵形，果皮膜质，深灰褐色，具疏松的皱褶。种子横生或斜生。花期 7～9 月，果期 9～10 月。种子繁殖。

地理分布：猪毛菜分布于东北、华北、西北、西南地区及河南、山东、江苏、西藏、新疆等地。新疆各地棉田均有分布。

23. 苦豆子

学　　名：苦豆子（*Sophora alopecuroides* L.），多年生豆科槐属双子叶植物。

别　　名：狐尾槐。

形态特征：草本，或基部木质化成亚灌木状，高约 1 m。枝被白色或淡灰白色长柔毛或贴伏柔毛。羽状复叶；叶柄长 1～2 cm；托叶着生于小叶柄的侧面，钻状，长约 5 mm，常早落；小叶 7～13 对，对生或近互生，纸质，披针状长圆形或椭圆状长圆形，长 15～30 mm，宽约 10 mm，先端钝圆或急尖，常具小尖头，基部宽楔形或圆形，上面被疏柔毛，下面毛被较密，中脉上面常凹陷，下面隆起，侧脉不明显。总状花序顶生；花多数，密生；花梗长 3～5 mm；苞片似托叶，脱落；花萼斜钟状，5 个萼齿明显，不等大，三角状卵形；花冠白色或淡黄色，旗瓣形状多变，通常为长圆状倒披针形，长 15～20 mm，宽 3～4 mm，先端圆或微缺，或明显呈倒心形，基部渐狭或骤狭成柄，翼瓣常单侧生，稀近双侧生，长约 16 mm，卵状长圆形，具三角形耳，皱褶明显，龙骨瓣与翼瓣相似，先端明显具突尖，背部明显呈龙骨状盖叠，柄纤细，长约为瓣片的1/2，具1个三角形耳，下垂；雄蕊10枚，花丝不同程度连合，有时近两体雄蕊，连合部分疏被极短毛，子房密被白色近贴伏柔毛，柱头圆点状，被稀少柔毛。荚果串珠状，长8～13 cm，直，具多数种子；种子卵球形，稍扁，褐色或黄褐色。花期5～6月，果期8～10月。根芽和种子繁殖。

地理分布：分布于内蒙古、山西、陕西、宁夏、甘肃、青海、新疆、河南、西藏等地。为耐盐旱生植物，多长在干旱沙漠和草原边缘地带。新疆各地棉田均有分布。

24. 苦马豆

学　　名：苦马豆 [*Sphaerophysa salsula* (Pall.) DC.]，多年生豆科苦马豆属双子叶植物。

别　　名：羊卵蛋、羊尿泡、马皮泡、红苦豆子、羊卵泡、尿泡草、羊卵蛋、铃当草等。

形态特征：半灌木或多年生草本，高30～60 cm。茎直立或下部匍匐，具开展的分枝，全株被灰白色短伏毛。奇数羽状复叶，两面均被短柔毛；托叶披针形，小叶13～19片，倒卵状长圆形或椭圆形，长7～15 mm，基部近圆形或近楔形，先端钝而微凹，有时具1个小刺尖，两面均被贴生的短毛，有时表面毛较少或近无毛。总状花序腋生，花冠红色比叶长；萼钟状、5齿裂，花冠红色，长12～13 mm，旗瓣开展，两侧向外反卷，瓣片近圆形，长约10 mm，宽约13 mm，顶端微凹，基部具短爪，翼瓣比旗瓣稍短，与龙骨瓣近等长；子房有柄，线状长圆形，密被毛，花柱稍弯，内侧具纵列须毛。荚果卵圆形或长圆形，长1.5～3 cm，直径1.5～2 cm，果柄较长。表面黄白色，较光滑。果皮膜质而脆，膨大成囊状，1室，内有多数种子。种子肾状圆形，表面棕褐色，长约1.5 mm。花期6～7月，果期7～8月。种子或根芽繁殖。

地理分布：分布于吉林、辽宁、内蒙古、河北、山西、陕西、宁夏、甘肃、青海、新疆等北方地区。新疆各地棉田均有分布。

25. 地锦草

学　　名：地锦草（*Euphorbia humifusa* Willd. ex Schlecht），一年生大戟科大戟属双子叶植物。

别　　名：千根草、小红筋草、奶汁草、红丝草、地锦草、草血竭、血见愁草、小虫儿卧单等。

形态特征：草本，根纤细，长 10～18 cm，直径 2～3 mm，常不分枝。茎匍匐，自基部以上多分枝，带紫红色，平铺地面，偶尔先端斜向上伸展，基部常红色或淡红色，长达 20～30 cm，直径 1～3 mm，被柔毛或疏柔毛，含白色乳汁。叶对生，矩圆形或椭圆形，长 5～10 mm，宽 3～6 mm，先端钝圆，基部偏斜，略渐狭，边缘常于中部以上具细锯齿；叶面绿色，叶背淡绿色，有时淡红色，两面被疏柔毛；叶柄极短，长 1～2 mm。花序单生于叶腋，基部具 1～3 mm 的短柄；总苞陀螺状，高与直径各约 1 mm，边缘 4 裂，裂片三角形；腺体 4 个，矩圆形，边缘具白色或淡红色附属物。雄花数朵，近与总苞边缘等长；雌花 1 朵，子房柄伸出至总苞边缘；子房三棱状卵形，光滑无毛；花柱 3 个，分离；柱头 2 裂。蒴果三棱状卵球形，长约 2 mm，直径约 2.2 mm，成熟时分裂为 3 个分果爿，花柱宿存。种子三棱状卵球形，长约 1.3 mm，直径约 0.9 mm，灰色，每个棱面无横沟，无种阜。花果期 5～10 月。种子繁殖。

地理分布：分布于除海南外的全国各地。新疆北部棉田偶有发生。

26. 灰绿藜

学　　名：灰绿藜（*Chenopodium glaucum* L.），一年生藜科藜属双子叶植物。

别　　名：盐灰菜。

形态特征：草本，高 10～45 cm。茎通常由基部分枝，平铺或斜升，有暗绿色或紫红色条纹；叶互生有短柄，叶片厚，带肉质，椭圆状卵形至卵状披针形，长 2～4 cm，宽

5～20 mm，顶端急尖或钝，边缘有波状齿，基部渐狭，表面绿色，背面灰白色、密被粉粒，中脉明显，黄绿色；叶柄短粗，5～10 mm；花簇短穗状，腋生或顶生；花被裂片3～4片，少为5片。胞果伸出花被片，果皮薄，黄白色；种子扁圆，暗褐色。花期6～8月，果期8～10月。种子繁殖。

地理分布：除台湾、福建、江西、广东、广西、贵州、云南外，其他各地都有分布。新疆各地棉田均有分布。

27. 小藜

学　　名：小藜（*Chenopodium ficifolium* Sm.），一年生藜科藜属双子叶植物。

别　　名：苦落藜。

形态特征：一年生嗜盐碱性草本，高20～100 cm。茎直立，分枝，有绿色纵条纹，幼茎常密被粉粒。幼苗子叶线形，肉质，基部紫红色，有短叶柄。初生叶线形，先端钝，基部楔形，全缘，叶下面略呈紫红色，有短柄。下胚轴与上胚轴均较发达，玫瑰红色。叶互生，有柄，长圆状卵形，长2～5 cm，宽1～3 cm，先端钝，边缘有波状齿，下部的叶近基部有2个较大的裂片，各裂片的下方通常有一小齿，两面疏生粉粒。中部的叶片椭圆形，边缘具波状锯齿，先端钝，基部楔形；上部的叶片渐小，狭长，有浅齿或近于全缘；叶柄细长而弱。花序穗状或圆锥状；腋生或顶生。花两性。花被片5片，先端钝，淡绿色。雄蕊5枚，长于花被。柱头2个，线形。胞果包于花被内，果皮膜质。种子直径约1 mm，圆形，边缘有棱，黑色，有光泽，表面有明显的蜂窝状网纹。花期4～6月，果期5～7月。种子繁殖。

地理分布：除西藏外，全国都有发生。生于湿润具轻度盐碱化的沙性土壤上。新疆各地棉田均有分布。

28. 藜

学　　名： 藜（*Chenopodium album* L.），一年生藜科藜属双子叶植物。

别　　名： 灰条菜、灰藿、灰菜、落藜等。

形态特征： 一年生草本，高 30～150 cm。茎直立，粗壮，具条棱及绿色或紫红色色条，多分枝；枝条斜升或开展。叶片菱状卵形至宽披针形，长 3～6 cm，宽 2.5～5 cm，先端急尖或微钝，基部楔形至宽楔形，上面通常无粉，有时嫩叶的上面有紫红色粉，下面多少有粉，多呈紫红色，边缘具不整齐锯齿；叶柄与叶片近等长，或为叶片长度的 1/2。花两性，花簇于枝上部排列成或大或小的穗状或圆锥状花序，顶生或腋生；花被裂片 5 片，宽卵形至椭圆形，背面具纵隆脊，有粉，先端或微凹，边缘膜质；雄蕊 5 枚，花药伸出花被，柱头 2 个。胞果完全包于花被内或顶部稍外露，果皮与种子贴生。种子横生，双凸镜状，直径 1.2～1.5 mm，边缘钝，黑色，有光泽，表面具浅沟纹；胚环形。花果期 5～10 月。种子繁殖。

地理分布： 分布于我国各地。生于路旁、荒地及田间，为很难除掉的杂草。新疆各地棉田均较为常见。

29. 戟叶滨藜

学　　名： 戟叶滨藜 (*Atriplex prostrata* Boucher ex DC.)，一年生藜科滨藜属双子叶植物。

形态特征： 草本，高可达 1 m。茎直立，通常较粗壮，圆柱形，有钝条棱及绿色色条，无粉或幼嫩部分有粉；分枝细瘦，斜伸。叶互生或近对生；叶片三角状戟形，长 5～10 cm，宽 4～10 cm，上面无粉，下面稍有粉，边缘具不整齐粗锯齿，或仅中部以下有 1～3 对不等大的锯齿状裂片，先端渐尖或急尖，基部凹或近截平；叶柄长 1～3 cm。花序或圆锥状，生于茎和枝的上部；雄花花被近球形，黄色，裂片 5 片，雄蕊 5 枚；雌花的苞片菱形至卵状三角形，有密粉，通常全缘，仅基部边缘合生，表面有时有隆起。胞果直径约 1.2 mm，果皮淡黄白色，与种子贴生。种子扁，圆形，黑色，有光泽。花期 7～8 月，果期 9～10 月。种子繁殖。

地理分布： 分布于新疆北部、内蒙古东部和西藏等地。新疆北疆棉田均有分布。

30. 杂配藜

学　　名： 杂配藜 (*Chenopodium hybridum* L.)，一年生藜科藜属双子叶植物。

别　　名： 大叶藜、血见愁。

形态特征： 一年生草本，高 40～120 cm。茎直立，粗壮，具淡黄色或紫色条棱，上

部有疏分枝，无粉或枝上稍有粉。叶片宽卵形至卵状三角形，长 6～15 cm，宽 5～13 cm，两面均呈亮绿色，无粉或稍有粉，先端急尖或渐尖，基部圆形、截形或略呈心形，边缘掌状浅裂；裂片 2～3 对，不等大，轮廓略呈五角形，先端通常锐；上部叶较小，叶片多呈三角状戟形，边缘具较少数的裂片状锯齿，有时几全缘；叶柄长 2～7 cm。花两性兼有雌性，通常数个团集，在分枝上排列成开散的圆锥状花序；花被裂片 5 片，狭卵形，先端钝，背面具纵脊并稍有粉，边缘膜质；雄蕊 5 枚。胞果双凸镜状；果皮膜质，有白色斑点，与种子贴生。种子横生，与胞果同形，直径通常 2～3 mm，黑色，无光泽，表面具明显的圆形深洼点或呈凹凸不平；胚环形。花果期 7～9 月。

地理分布：分布于新疆、内蒙古东部和西藏等地。新疆北部棉田较为常见。

31. 角果藜

学　　名：角果藜 (*Ceratocarpus arenarius* L.)，一年生藜科角果藜属双子叶植物。

形态特征：植株高 5～30 cm。叶长 0.5～6 cm，宽 0.1～0.5 cm。雄花长约 1.5 mm，黄色，膜质，花丝短，条形，花药近球形，底部着生，纵裂。胞果革质，长 0.5～1 cm，宽 0.2～0.5 cm。花果期 4～7 月。其余特征与属的描述相同。

地理分布：分布于新疆北疆棉田。

32. 荠

学　　名： 荠 [*Capsella bursa-pastoris* (L.) Medic.]，一年生或二年生十字花科荠属双子叶植物。

别　　名： 地米菜、芥、荠菜、护生草、地菜、菱闸菜等。

形态特征： 成株高 20～50 cm，主根瘦长，白色，直下。茎直立，单一或基部分枝。基生叶丛生呈莲座状，叶羽状分裂，稀全缘，上部裂片三角形，不整齐，顶片特大，叶片有毛，叶柄有翼。茎生叶狭披针形或披针形，顶部几成线形，基部成耳状抱茎，边缘有缺刻或锯齿，或近于全缘，叶两面生有单一或分枝的细柔毛，边缘疏生白色长睫毛。总状花序顶生和腋生，果期伸长；花白色，直径约 2 mm，两性。萼片 4 片，绿色，开展，卵形，基部平截，具白色边缘，十字花冠。花瓣倒卵形，有爪，4 片，白色，十字形开放，直径约 2.5 mm；短角果呈倒三角形，无毛，扁平，先端微凹，长 6～8 mm，宽 5～6 mm，具残存的花柱。种子 20～25 粒，成 2 行排列，细小，倒卵形，长约 0.8 mm。花期 3～6 月。种子繁殖。

地理分布： 全国各地均有分布。新疆各地棉田均有分布。

33. 涩芥

学　　名： 涩芥 [*Strigosella africana* (L.) Botsch.]，二年生十字花科涩芥属双子叶植物。

别　　名： 硬果涩芥、涩荠等。

形态特征： 高 8～35 cm，密生单毛或叉状硬毛；茎直立或近直立，多分枝，有棱角。叶长圆形、倒披针形或近椭圆形，长 1.5～8 cm，宽 5～18 mm，顶端圆形，有小短尖，基部楔形，边缘有波状齿或全缘；叶柄长 5～10 mm 或近无柄。总状花序有 10～30 朵花，疏松排列，果期长达 20 cm；萼片长圆形，长 4～5 mm；花瓣紫色或粉红色，长 8～10 mm。长角果圆柱形或近圆柱形，长 3.5～7 cm，宽 1～2 mm，近 4 棱，倾斜、直立或稍弯曲，密生短或长分叉毛，或二者间生，或具刚毛，少数几无毛或完全无毛；柱头圆锥状；果梗加粗，长 1～2 mm。种子长圆形，长约 1 mm，浅棕色。花果期 6～8 月。

地理分布： 新疆北疆棉田较为常见。

34. 独行菜

学　　名：独行菜（*Lepidium apetalum* Willd.），一年生或二年生十字花科独行菜属双子叶植物。

别　　名：腺茎独行菜、辣辣菜、拉拉罐、拉拉罐子、昌古、辣辣根、羊拉拉、小辣辣、羊辣罐、辣麻麻等。

形态特征：一年生或二年生草本，成株高5～30 cm；茎直立或斜升，多分枝，被微小头状毛。幼苗全株光滑无毛；子叶椭圆形，先端钝尖，叶基楔形，具长柄；下胚轴较发达，上胚轴不发育；初生叶2片，对生，叶片掌状3～4浅裂，叶基阔楔形，具长柄；基生叶莲座状，平铺地面，叶片狭匙形，1回羽状浅裂或深裂，长3～5 cm，宽1～1.5 cm，叶柄长1～2 cm；茎上部叶狭披针形至线形，有疏齿或全缘，无柄；总状花序顶生，花小，不明显，果期可伸长至5 cm；萼片卵形，无毛或被柔毛，具膜质边缘，长约0.8 mm，早落；花瓣无或退化成丝状，短于萼片；雄蕊2或4枚。短角果近圆形或宽椭圆形，扁平，长2～3 mm，宽约2 mm，顶端微凹，有窄翅；果柄弧形，长约3 mm，被头状腺毛；种子椭圆形，长约1 mm，红棕色。花果期5～7月。种子繁殖。

地理分布：东北、华北、华东、西北、西南各地均有发现。为常见的田间杂草。新疆各地棉田均有分布。

35. 宽叶独行菜

学　　名：宽叶独行菜（*Lepidium latifolium* L.），多年生十字花科独行菜属双子叶植物。

别　　名：止痢草、大辣辣等。

形态特征：多年生草本，高 30～150 cm，茎直立，上部多分枝，基部稍木质化，无毛或疏生单毛，全株浅灰绿色或浅绿色。直根系，入土深 30～110 cm，主要集中在 20～30 cm 土层中。基生叶和茎下部叶革质，长圆状披针形或卵圆形，长 3～8 cm，宽 2～5 cm，先端钝，基部渐狭，边缘有粗锯齿；茎上部叶无柄，叶片较狭小。无毛，叶柄长 2～6 cm，宽 0.5～1.5 cm；总状花序顶生，圆锥状，较疏散。花小，白色，直径约 1 mm。花梗无毛；萼片早落，长圆状卵形或近圆形，有柔毛；花柱短。短角果宽卵形或近圆形，长 1.5～3 mm，平滑或稍呈网状，顶端全缘，基部圆钝，无翅。种子宽椭圆形，长约 1 mm，浅棕色，扁平。花期 5～9 月，果期 6～10 月。种子繁殖。

地理分布：分布于新疆、内蒙古、西藏等地。新疆各地棉田均有分布。

36. 乳苣

学　　名：乳苣 [*Lactuca tatarica* (L.) C. A. Mey.]，多年生菊科乳苣属双子叶植物。

别　　名：蒙山莴苣、紫花山莴苣、苦苦菜。

形态特征：多年生草本。成株高 30～70 cm，具长根状茎。根圆锥形，棕褐色。茎直立，单生或数个丛生，具纵棱，不分枝或上部分枝，全部茎枝光滑无毛。中下部茎叶长椭圆形或线状长椭圆形或线形，基部渐狭成短柄，柄长 1～1.5 cm 或无柄，叶长 6～19 cm，宽 2～6 cm，羽状浅裂或半裂或边缘有多数或少数大锯齿，顶端钝或急尖，侧裂片 2～5 对，中部侧裂片较大，向两端的侧裂片渐小，全部侧裂片半椭圆形或偏斜的宽或狭三角形，边缘全缘或有稀疏的小尖头或边缘多锯齿，顶裂片披针形或长三角形，边缘全缘或边缘细锯齿或稀锯齿；向上的叶与中部茎叶同形或宽线形，但渐小。全部叶质地稍厚，两面光滑无毛。茎顶为展开的圆锥花序，上生多数头状花序，梗不等长；总苞片 4 层，带紫红色，边缘狭膜质；花全为舌状，两性，紫色或淡紫色。瘦果长椭圆形，长约 5 mm，灰色或黑色，不压扁或稍压扁，具 5～7 条纵肋，顶端有 1 mm 长的短喙，冠毛 2 层，纤细，白色，长 1 cm，微锯齿状，分散脱落。花果期 6～9 月。根芽和种子繁殖。

地理分布：广泛分布于东北、华北、西北各地。新疆各地棉田均有分布。

37. 蒺藜

学　　名：蒺藜 (*Tribulus terrestris* L.)，一年生蒺藜科蒺藜属双子叶植物。

别　　名：白蒺藜、屈人等。

形态特征：一年生草本，茎平卧，由基部分枝，枝长 20～60 cm，淡褐色；偶数羽状复叶，长 1.5～5 cm；小叶对生，3～8 对，长圆形，长 5～10 mm，宽 2～5 mm，先端锐尖或钝，基部稍偏斜，被柔毛，全缘。上面叶脉上有细毛，下面密生白色伏毛，托叶小，披针形，边缘半透明状膜质，有叶柄和小叶柄。花腋生，花梗短于叶，花黄色，单生于叶腋；萼片 5 片，宿存；花瓣 5 瓣；雄蕊 10 枚，生于花盘基部，基部有鳞片状腺体；子房 5 棱，花柱单一，柱头 5 裂，每室 3～4 个胚珠。蒴果有分果爿 5 个，长 4～6 mm，无毛或被毛，每果爿具有长短棘刺各一对；背面有短硬毛及瘤状凸起；有种子 2～3 粒，种子间有隔膜。花期 5～8 月，果期 6～9 月。种子繁殖。

地理分布：全国各省均有分布，生长于沙地、荒地、山坡、居民点附近。新疆各地棉田均有发生。

38. 驼蹄瓣

学　　名：驼蹄瓣（*Zygophyllum fabago* L.），多年生蒺藜科驼蹄瓣属双子叶植物。

别　　名：骆驼蹄瓣、豆型霸王等。

形态特征：多年生草本，高 30～80 cm。根粗壮。茎多分枝，枝条开展或铺散，光滑，基部木质化。托叶革质，卵形或椭圆形，长 4～10 mm，绿色，茎中部以下托叶合生，上部托叶较小，披针形，分离；叶柄显著短于小叶；小叶 1 对，倒卵形、矩圆状倒卵形，长 15～33 mm，宽 6～20 mm，质厚，先端圆形。花腋生；花梗长 4～10 mm；萼片卵形或椭圆形，长 6～8 mm，宽 3～4 mm，先端钝，边缘为白色膜质；花瓣倒卵形，与萼片近等长，先端近白色，下部橘红色；雄蕊长于花瓣，长 11～12 mm，鳞片矩圆形，长为雄蕊之半。蒴果矩圆形或圆柱形，长 2～3.5 cm，宽 4～5 mm，5 棱，下垂。种子多数，长约 3 mm，宽约 2 mm，表面有斑点。花期 5～6 月，果期 6～9 月。种子繁殖。

地理分布：分布于内蒙古西部、甘肃河西、青海和新疆等地。生于冲积平原、绿洲、湿润沙地和荒地。新疆北部棉田较为常见。

39. 翼果驼蹄瓣

学　　名：翼果驼蹄瓣（*Zygophyllum pterocarpum* Bunge），多年生蒺藜科驼蹄瓣属双子叶植物。

别　　名：翼果霸王、小翼果霸王、小翼果驼蹄瓣等。

形态特征：多年生草本，高 10～20 cm。根粗壮，木质。茎多数，细弱，开展。托叶卵形，上部者披针形，长 1～2 mm；叶柄长 4～6 mm，扁平，具翼；小叶 2～3 对，条状矩圆形或披针形，长 5～15 mm，宽 2～5 mm，先端锐尖或稍钝，灰绿色。花 1～2 朵生于叶腋；花梗长 4～8 mm，花后伸长；萼片椭圆形，长 5～7 mm，宽约 4 mm，先端钝；花瓣矩圆状倒卵形，稍长于萼片，长 7～8 mm，上部白色，下部橘红色，先端钝，基部楔形；雄蕊不伸出花瓣，鳞片长为花丝的 1/3。蒴果矩圆状卵形或卵圆形，两端常圆钝，长 10～20 mm，宽 6～15 mm，翅宽 2～3 mm。花期 5～6 月，果期 6～8 月。

地理分布：主要分布于内蒙古阿拉善盟、甘肃河西、新疆等地。新疆北部棉田偶有发生。

40. 小蓬草

学　　名：小蓬草［*Erigeron canadensis* L.］，一年生或二年生菊科白酒草属双子叶植物。

别　　名：小白酒草、加拿大蓬、小飞蓬、飞蓬等。

形态特征：小飞蓬幼苗除子叶外全体被粗糙毛。子叶卵圆形或阔椭圆形，基部逐渐狭窄成叶柄。初生叶 1 片，椭圆形，基部楔形，有细柄，全缘。成株高 40～150 cm，茎直立，上部多分枝。叶互生，叶柄短或不明显；基生叶近匙形，叶缘具齿，花期枯萎；上部叶线形或线状披针形，全缘或有齿裂，边缘有睫毛。头状花序，5～6 mm，有短梗，密集呈圆锥状或伞房状；头状花序外围花雌性，细筒状，先端有舌片，舌片短小，几无，白色或淡紫色；管状花位于花序内，长约 2.5 mm。瘦果扁平，长圆形，具斜生毛，冠毛 1 层，白色刚毛状，易飞散。花果期 6～10 月。种子繁殖。

地理分布：在我国广泛分布。新疆各地棉田均有分布。

41. 蛛丝蓬

学 名：蛛丝蓬（*Halogeton arachnoideus* Moq.），一年生苋科盐生草属双子叶植物。

别 名：白茎盐生草、灰蓬、水蓬等。

形态特征：一年生草本，高 10～40 cm。茎直立，自基部分枝；枝互生，灰白色，幼时生蛛丝状毛，以后毛脱落。叶片圆柱形，长 3～10 mm，宽 1.5～2 mm，顶端钝，有时有小短尖；花通常 2～3，簇生叶腋；小苞片卵形，边缘膜质；花被片宽披针形，膜质，背面有 1 条粗壮的脉，果时自背面的近顶部生翅；翅 5 个，半圆形，大小近相等，膜质透明，有多数明显的脉；雄蕊 5 枚；花丝狭条形；花药矩圆形，顶端无附属物；子房卵形；柱头 2 个，丝状；果实为胞果，果皮膜质；种子横生，圆形，直径 1～1.5 mm。花果期 7～8 月。

地理分布：分布于新疆、甘肃西部、青海及西藏的山脚、戈壁滩等地。植株用火烧成灰后，可以取碱。新疆各地棉田均有发生。

42. 野胡麻

学 名：野胡麻（*Dodartia orientalis* L.），多年生玄参科野胡麻属双子叶植物。

别 名：倒打草、道爪草、牛含水、牛汗水、牛哈水、多得草等。

形态特征：多年生直立草本，高达 50 cm，无毛或幼嫩时疏被柔毛。根粗壮，伸长，长可达 20 cm 左右，带肉质，须根少。茎单一或束生，近基部被棕黄色鳞片，茎从基部起至顶端，多回分枝，枝伸直，细瘦，具棱角，扫帚状。叶疏生，茎下部的对生或近对生，上部的常互生，宽条形，长 1～4 cm，无柄，全缘或有疏齿。总状花序顶生，伸长，花常 3～7 朵，稀疏；花梗短，长 0.5～1 mm；花萼近革质，长约 4 mm，萼齿宽三角形，近相等；花冠紫色或深紫红色，长 1.5～2.5 cm，花冠筒长筒状，上唇短而伸直，卵形，2 浅裂，下唇宽圆形，3 裂，中裂片突出，舌状；雄蕊花药紫色，肾形；子房卵圆形，长

1.5 mm，花柱伸直，无毛。蒴果圆球形，直径约 5 mm，褐色或暗棕褐色，具短尖头；种子卵形，长 0.5～0.7 mm，黑色。花果期 5～9 月。

地理分布：新疆、内蒙古、甘肃、四川等地有分布。新疆各地棉田均有分布。

43. 车前

学　　名：车前（*Plantago asiatica* L.），二年或多年生车前科车前属双子叶植物。

别　　名：车前草、车轮草、蛤蟆草、饭匙草、车轱辘菜、蛤蟆叶、猪耳朵等。

形态特征：二年生或多年生草本，连花茎高达 50 cm。须根多数，根茎短，稍粗。叶基生呈莲座状，平卧、斜展或直立，具长柄；叶片薄纸质或纸质，宽卵形至宽椭圆形，长 4～15 cm，宽 3～9 cm，先端钝圆至急尖，边缘波状、全缘或中部以下有锯齿、牙齿或裂齿，基部宽楔形或近圆形，多少下延，两面疏生短柔毛；脉 5～7 条；叶柄长 2～10 cm，基部扩大成鞘，疏生短柔毛。花序 3～10 个，直立或弓曲上升；花序梗长 5～30 cm，有纵条纹，疏生白色短柔毛；穗状花序细圆柱状，长 3～40 cm，紧密或稀疏，下部常间断；苞片狭卵状三角形或三角状披针形，长 2～3 mm，长过于宽，无毛或先端疏生短毛。花具短梗；花萼长 2～3 mm，萼片先端钝圆或钝尖，龙骨突不延至顶端，前对萼片椭圆形，龙骨突较宽，两侧片稍不对称，后对萼片宽倒卵状椭圆形或宽倒卵形。花冠白色，无毛，冠筒与萼片约等长，裂片狭三角形，长约 1.5 mm，先端渐尖或急尖，具明显的中脉，于花后反折。雄蕊着生于冠筒内面近基部，与花柱明显外伸，花药卵状椭圆形，长 1～1.2 mm，顶端具宽三角形突起，白色，干后变淡褐色。胚珠 7～18 个。蒴果椭圆形，长 3～4.5 mm，于基部上方周裂。种子 5～8 粒，椭圆形，长 1.5～2 mm，具角，黑褐色至黑色，背腹面微隆起；子叶背腹向排列。花果期 6～10 月。种子繁殖。

地理分布：几乎遍布全国。新疆各地棉田均有分布。

44. 刺沙蓬

学　　名：刺沙蓬 (*Salsola tragus* L.)，一年生藜科猪毛菜属双子叶植物。

别　　名：刺蓬、风滚草等。

形态特征：一年生草本，高 30～100 cm；茎直立，自基部分枝，茎、枝生短硬毛或近于无毛，有白色或紫红色条纹。叶片半圆柱形或圆柱形，无毛或有短硬毛，长 1.5～4 cm，宽 1～1.5 mm，顶端有刺状尖，基部扩展，扩展处的边缘为膜质。花序穗状，生于

枝条的上部；苞片长卵形，顶端有刺状尖，基部边缘膜质，比小苞片长；小苞片卵形，顶端有刺状尖；花被片长卵形，膜质，无毛，背面有 1 条脉；花被片果期变硬，自背面中部生翅；翅 3 个较大，肾形或倒卵形，膜质，无色或淡紫红色，有数条粗壮而稀疏的脉，2 条较狭窄，花被果期（包括翅）直径 7～10 mm；花被片在翅以上部分近革质，顶端为薄膜质，向中央聚集，包覆果实；柱头丝状，长为花柱的 3～4 倍。种子横生，直径约 2 mm。花期 8～9 月，果期 9～10 月。

地理分布：华北、东北、西北等地区以及江苏、西藏、山东等地均有分布。新疆各地棉田较为常见。

45. 苦荬菜

学　　名：苦荬菜（*Ixeris polycephala* Cass.），一年生菊科苦荬菜属双子叶植物。

别　　名：多头苦荬菜、多头莴苣等。

形态特征：一年生草本。根垂直直伸，生多数须根。茎直立，高 10～80 cm，基部直径 2～4 mm，上部伞房花序状分枝，或自基部多分枝或少分枝，分枝弯曲斜升，全部茎枝无毛。基生叶花期生存，线形或线状披针形，包括叶柄长 7～12 cm，宽 5～8 mm，顶端急尖，基部渐狭成柄；中下部茎叶披针形或线形，长 5～15 cm，宽 1.5～2 cm，顶端急尖，基部箭头状半抱茎，向上或最上部的叶渐小，与中下部茎叶同形；全部叶两面无毛，边缘全缘，极少下部边缘有稀疏的小尖头。头状花序多数，在茎枝顶端排成伞房状花序，花序梗细。总苞圆柱状，长 5～7 mm，果期扩大成卵球形；总苞片 3 层，外层及最外层极小，卵形，长 0.5 mm，宽 0.2 mm，顶端急尖，内层卵状披针形，长 7 mm，宽 2～3 mm，顶端急尖或钝，外面近顶端有鸡冠状突起或无鸡冠状突起。舌状小花 10～25 朵，黄色，极少白色。瘦果压扁，褐色，长椭圆形，长 2.5 mm，宽 0.8 mm，无毛，有 10 条高起的尖翅肋，顶端急尖成长 1. 5 mm 喙，喙细，细丝状。冠毛白色，纤细，微糙，不等长，长达 4 mm。花果期 3～6 月。种子繁殖。

地理分布：新疆各地棉田均有分布。

46. 苦苣菜

学　　名：苦苣菜（*Sonchus oleraceus* L.），一年生或二年生菊科苦苣菜属双子叶植物。

别　　名：滇苦荬菜。

形态特征：根圆锥状，垂直直伸，有多数纤维状的须根。茎直立，单生，高 40～150 cm，有纵条棱或条纹，不分枝或上部有短的伞房花序状或总状花序式分枝，全部茎枝光滑无毛，或上部花序分枝及花序梗被头状具柄的腺毛。基生叶羽状深裂，全形长椭圆形或倒披针形，或大头羽状深裂，全形倒披针形，或基生叶不裂，椭圆形、椭圆状戟形、三角形、三角状戟形或圆形，全部基生叶基部渐狭成翼柄；中下部茎叶羽状深裂或大头状羽状深裂，全形椭圆形或倒披针形，长 3～12 cm，宽 2～7 cm，基部急狭成翼柄，翼狭窄或宽大，向柄基且逐渐加宽，柄基圆耳状抱茎，顶裂片与侧裂片等大或较大，宽三角形、戟状宽三角形、卵状心形，侧生裂片 1～5 对，椭圆形，常下弯，全部裂片顶端急尖或渐尖，下部茎叶或接花序分枝下方的叶与中下部茎叶同型并等样分裂或不分裂成披针形或线状披针形，且顶端长渐尖，下部宽大，基部半抱茎；全部叶或裂片边缘及抱茎小耳边缘有大小不等的急尖锯齿或大锯齿，上部及接花序分枝处的叶边缘大部全缘或上半部边缘全缘，顶端急尖或渐尖，两面光滑毛，质地薄。头状花序少数在茎枝顶端排列成紧密的伞房花序或总状花序或单生茎枝顶端。总苞宽钟状，长 1.5 cm，宽 1 cm；总苞片 3～4 层，覆瓦状排列，向内层渐长；外层长披针形或长三角形，长 3～7 mm，宽 1～3 mm，中内层长披针形至线状披针形，长 8～11 mm，宽 1～2 mm；全部总苞片顶端长急尖，外面无毛或外层或中内层上部沿中脉有少数头状具柄的腺毛。舌状小花多数，黄色。瘦果褐色，长椭圆形或长椭圆状倒披针形，长 3 mm，宽不足 1 mm，压扁，每面各有 3 条细脉，肋间有横皱纹，顶端狭，无喙，冠毛白色，长 7 mm，单毛状，彼此纠缠。花果期 5～12 月。

地理分布：新疆各地棉田均有发生，为棉田常见杂草。

47. 顶羽菊

学　　名：顶羽菊 [*Rhaponticum repens* (L.) Hidalgo]，多年生菊科漏芦属双子叶植物。

别　　名：苦蒿、苦艾、灰叫驴、顶雨菊、牛尾蒿、项羽菊、顶羽菜等。

形态特征：多年生草本，高 25～70 cm。根直伸。茎单生或少数茎成簇生，直立，自基部分枝，分枝斜生，全部茎枝被蛛丝毛，被稠密的叶。全部茎叶质地稍坚硬，长椭圆形或匙形或线形，长 2.5～5 cm，宽 0.6～1.2 cm，顶端钝或圆形或急尖而有小尖头，边缘全缘，无锯齿或少数不明显的细尖齿，或叶羽状半裂，侧裂片三角形或斜三角形，两面灰绿色，被稀疏蛛丝毛或脱毛。植株含多数头状花序，头状花序多数在茎枝顶端排成伞房花序或伞房圆锥花序。总苞卵形或椭圆状卵形，直径 0.5～1.5 cm。总苞片约 8 层，有干膜质、全缘的附属体，覆瓦状排列，向内层渐长，外层与中层卵形或宽倒卵形，包括附属物长 3～11 mm，宽 2～6 mm，上部有附属物，附属物圆钝；内层披针形或线状披针形，包括附属物长约 1.3 cm，宽 2～3 mm，顶端附属物小。全部苞片附属物白色，透明，两面被稠密的长直毛。全部小花两性，管状，花冠粉红色或淡紫色，长 1.4 cm，细管部长 7 mm，花冠裂片长 3 mm。瘦果倒长卵形，长 3.5～4 mm，宽约 2.5 mm，淡白色，顶端圆形，无果缘。冠毛白色，多层，向内层渐长，长达 1.2 cm，全部冠毛刚毛基部不连合成环，不脱落或分散脱落，短羽毛状。花果期 5～9 月。

地理分布：在山西、河北、内蒙古、陕西、青海、甘肃、新疆等地均有分布。新疆各地棉田均有分布。

48. 猪殃殃

学　　名：拉拉藤（*Galium spurium* L.），一年生茜草科拉拉藤属双子叶植物。

别　　名：猪殃殃、爬拉殃、八仙草等。

形态特征：多枝、蔓生或攀缘状草本，通常高 30～90 cm；茎有 4 棱角；棱上、叶缘、叶脉上均有倒生的小刺毛。叶纸质或近膜质，叶细齿裂，经常呈针状，6～8 片轮生，稀为 4～5 片，带状倒披针形或长圆状倒披针形，长 1～5.5 cm，宽 1～7 mm，顶端有针状凸尖头，基部渐狭，两面常有紧贴的刺状毛，常萎软状，干时常卷缩，近无柄。聚伞花序腋生或顶生，花小，有纤细的花梗；花萼被钩毛，萼檐近截平；花冠黄绿色或白色，辐状，裂片长圆形，长不足 1 mm，镊合状排列；子房被毛，花柱 2 个，裂至中部，柱头头状。果干燥，坚硬，圆形，两个连生在一起。有 1～2 个近球状的分果爿，直径达 5.5 mm，肿胀，密被钩毛，果柄直，长可达 2.5 cm，较粗，每一爿有 1 粒平凸的种子。花期 3～7 月，果期 4～11 月。

地理分布：除海南及南海诸岛外，全国均有分布。新疆北疆棉田偶有发生。

49. 委陵菜

学　　名：委陵菜（*Potentilla chinensis* Ser.），多年生蔷薇科委陵菜属双子叶植物。

别　　名：朝天委陵菜、萎陵菜、天青地白、五虎噙血、扑地虎、生血丹、一白草、二岐委陵菜等。

形态特征：根粗壮，圆柱形，稍木质化。花茎直立或上升，高 20～70 cm，被稀疏短柔毛及白色绢状长柔毛。基生叶为羽状复叶，有小叶 5～15 对，间隔 0.5～0.8 cm，连叶柄长 4～25 cm，叶柄被短柔毛及绢状长柔毛；小叶片对生或互生，上部小叶较长，向下逐渐减小，无柄，长圆形、倒卵形或长圆披针形，长 1～5 cm，宽 0.5～1.5 cm，边缘羽状中裂，裂片三角卵形，三角状披针形或长圆披针形，顶端急尖或圆钝，边缘向下反卷，上面绿色，被短柔毛或脱落几无毛，中脉下陷，下面被白色茸毛，沿脉被白色绢状长柔毛，茎生叶与基生叶相似，唯叶片对数较少；基生叶托叶近膜质，褐色，外面被白色绢状长柔毛，茎生叶托叶草质，绿色，边缘锐裂。伞房状聚伞花序，花梗长 0.5～1.5 cm，基部有披针形苞片，外面密被短柔毛；花直径通常 0.8～1 cm，稀达 1.3 cm；萼片三角卵形，顶端急尖，副萼片带形或披针形，顶端尖，约为萼片的 1/2 且狭窄，外面被短柔毛及少数绢状柔毛；花瓣黄色，宽倒卵形，顶端微凹，比萼片稍长；花柱近顶生，基部微扩大，稍有乳头或不明显，柱头扩大。瘦果卵球形，深褐色，有明显皱纹。花果期 4～10 月。

地理分布：新疆棉田偶有发生。

50. 节节草

学　　名：节节草（*Equisetum ramosissimum* Desf.），多年生木贼科木贼属蕨类植物。

别　　名：竹节菜、竹节花。

形态特征：中小型蕨类植物。根茎直立，横走或斜升，黑棕色，节和根疏生黄棕色长毛或光滑无毛。地上枝多年生。枝一型，高 20～60 cm，中部直径 1～3 mm，节间长 2～6 cm，绿色，主枝多在下部分枝，常形成簇生状；幼枝的轮生分枝明显或不明显；主枝有脊5～14条，脊的背部弧形，有一行小瘤或有浅色小横纹；鞘筒狭长达1 cm，下部灰绿色，上部灰棕色；鞘齿5～12个，三角形，灰白色、黑棕色或淡棕色，边缘（有时上部）为膜质，基部扁平或弧形，早落或宿存，齿上气孔带明显或不明显。侧枝较硬，圆柱状，有脊5～8条，脊上平滑或有一行小瘤或有浅色小横纹；鞘齿5～8个，披针形，革质但边缘膜质，上部棕色，宿存。孢子囊穗短棒状或椭圆形，长0.5～2.5 cm，中部直径0.4～0.7 cm，顶端有小尖突，无柄。

地理分布：新疆北部棉田偶有发生。

二、禾本科杂草

1. 狗尾草

学　　名：狗尾草 [*Setaria viridis* (L.) P. Beauv.]，一年生禾本科狗尾草属单子叶植物。

别　　名：毛毛狗、狗尾巴草等。

形态特征：根为须状，高大植株具支持根。秆直立或基部膝曲，高10～100 cm，基部茎达3～7 mm。叶鞘松弛，无毛或疏具柔毛或疣毛，边缘具较长的密棉毛状纤毛；叶舌极短，膜质，缘有长1～2 mm的纤毛；叶片扁平，长三角状狭披针形或线状披针形，顶端渐尖，基部钝圆形，几呈截状或渐窄，长4～30 cm，宽2～18 mm，通常无毛或疏被疣毛，边缘粗糙。圆锥花序紧密呈圆柱状或基部稍疏离，直立或稍弯垂，主轴被较长柔毛，长2～15 cm，宽4～13 mm（除刚毛外），刚毛长4～12 mm，粗糙或微粗糙，直或稍扭曲，通常绿色或褐黄到紫红或紫色；小穗2～5个簇生于主轴上或更多的小穗着生在短小枝上，椭圆形，先端钝，长2～2.5 mm，铅绿色；第一颖卵形、宽卵形，长约为小穗的1/3，先端钝或稍尖，具3条脉；第二颖几与小穗等长，椭圆形，具5～7条脉；第一外稃与小穗等长，具5～7条脉，先端钝，其内稃短小狭窄；第二外稃椭圆形，顶端钝，具细点状皱纹，边缘内卷，狭窄；鳞被楔形，顶端微凹；花柱基分离；叶上下表皮脉间均为微波纹或无波纹的、壁较薄的长细胞。颖果灰白色。花果期5～10月。

地理分布：全国各地均有分布。生于荒野、道旁、田间，为旱地作物常见的一种杂草。新疆各地棉田均有分布。

2. 稗

学　　名：稗 [*Echinochloa crus-galli* (L.) P. Beauv.]，一年生禾本科稗属单子叶植物。

别　　名：稗子、扁扁草等。

形态特征：稗和水稻外形极为相似。秆高 50～150 cm，基部倾斜或膝曲，光滑无毛。叶鞘松弛，平滑无毛，下部长于节间，上部短于节间；无叶舌；叶片扁平，线性，无毛，边缘粗糙，长 10～40 cm，宽 5～20 mm。圆锥花序直立，近尖塔形，长 6～20 cm；主轴具棱，粗糙或具疣基长刺毛；分枝斜上举或贴向主轴，有时再分小枝；穗轴粗糙或生疣基长刺毛；小穗密集于穗轴的一侧，卵形，长 3～4 mm，具极短柄或近无柄；第一颖三角形，基部包卷小穗，长为小穗的 1/3～1/2，具 5 条脉，被短硬毛或硬刺疣毛；第二颖先端具小尖头，具 5 条脉，脉上具刺状硬毛，脉间被短硬毛；第一外稃草质，上部具 7 条脉，先端延伸成 1 条粗壮芒，内稃与外稃等长。形状似稻但叶片毛涩，颜色较浅。花果期 7～10 月。稗子在较干旱的土地上，茎也可分散贴地生长。

地理分布：全国各地均有分布，新疆各地棉田均有分布。

3. 芦苇

学　　名：芦苇 [*Phragmites australis* (Cav.) Trin. ex Steud]，多年生禾本科芦苇属单子叶植物。

别　　名：苇子、芦、芦芛、蒹葭等。

形态特征：多年水生或湿生的高大禾草，根状茎十分发达。秆直立，高 1～3 m，直径 1～4 cm，具 20 多节，基部和上部的节间较短，最长节间位于下部第 4～6 节，长 20～25 cm，节下被蜡粉。叶鞘圆筒形，无毛或具细毛，长于其节间；叶舌边缘密生一圈长约 1 mm 的短纤毛，两侧缘毛长 3～5 mm，易脱落；叶片披针状线形，长约 30 cm，宽 1.5～2.5 cm，具横脉，顶端渐尖成丝形。花序为圆锥状，长 20～40 cm，分枝多数斜升或开展，长 5～10 cm，着生稠密下垂的小穗；小穗柄长 2～4 mm，无毛；小穗线状披针形，长 7～12 mm，含 4 朵花；颖具 3 条脉，第一颖长约 4 mm；第二颖长约 7 mm；第一不孕外稃雄性，长约 12 mm，第二外稃长 11 mm，具 3 条脉，顶端长渐尖，基盘延长，两侧密生等长于外稃的丝状柔毛，与无毛的小穗轴相连接处具明显关节，成熟后易自关节上脱落；内稃长约 3 mm，两脊粗糙；雄蕊 3 枚，花药长 1.5～2 mm，黄色；颖果长约 1.5 mm。花果期 8～10 月，以根茎和种子繁殖。

地理分布：全国各地均有分布。生长在灌溉沟渠旁、河堤沼泽地等，新疆各地棉田均有分布。

4. 狗牙根

学　　名：狗牙根 [*Cynodon dactylon* (L.) Pers.]，多年生禾本科狗牙根属单子叶植物。

别　　名：爬根草、感沙草、铁线草等。

形态特征：低矮草本，具根茎。秆细而坚韧，下部匍匐地面蔓延甚长，节上常生不定根，直立部分高 10～30 cm，直径 1～1.5 mm，秆壁厚，光滑无毛，有时略两侧压扁。叶鞘微具脊，无毛或有疏柔毛，鞘口常具柔毛；叶舌仅为一轮纤毛；叶片线形，长1～12 cm，宽1～3 mm，通常两面无毛。穗状花序通常3～5个，长1.5～5 cm，呈指状簇生于秆顶；小穗灰绿色或带紫色，长2～2.5 mm，通常含1朵小花；颖在中脉处形成背脊，有膜质边缘，长1.5～2 mm；第二颖稍长，均具1条脉，背部成脊而边缘膜质；外稃舟形，具3条脉，背部明显成脊，脊上被柔毛；内稃与外稃近等长，具2条脉。花药淡紫色；子房无毛，柱头紫红色。颖果长圆柱形，长约1 mm。多以根茎或匍匐茎繁殖，种子也可繁殖。

地理分布：河北、山东、山西、河南、陕西、甘肃、新疆、江苏、安徽、浙江、台湾、福建、江西、湖北、湖南、广东、香港、海南、广西、贵州、四川、云南、西藏等地均有分布。新疆北疆地区棉田分布较多。

5. 虎尾草

学　　名：虎尾草（*Chloris virgata* Sw.），一年生禾本科虎尾草属单子叶植物。

别　　名：棒槌草、刷子头、盘草等。

形态特征：秆直立或基部膝曲，高20～75 cm，直径1～4 mm，光滑无毛。叶鞘背部具脊，包卷松弛，无毛；叶舌长约1 mm，无毛或具纤毛；叶片线形或条状披针形，长5～25 cm，宽3～6 mm，两面无毛或边缘及上面粗糙；穗状花序4～10个，长1.5～5 cm，指状着生于秆顶，常直立而并拢成毛刷状，有时包藏于顶叶的膨胀叶鞘中，成熟时常带紫色；小穗无柄，排列于穗轴的一侧，长约3 mm，含2朵小花，第二小花不孕并较小；颖膜质，具1脉；第一颖长约1.8 mm，第二颖等长或略短于小穗，中脉延伸成长0.5～1 mm的小尖头；第一小花两性，外稃纸质，两侧压扁，呈倒卵状披针形，长2.8～3 mm，3条脉，沿脉及边缘被疏柔毛或无毛，两侧边缘上部1/3处有长2～3 mm的白色柔毛，顶端尖或有时具2个微齿，芒自背部顶端稍下方伸出，长5～15 mm；内稃膜质，略短于外稃，具2脊，脊上被微毛；基盘具长约0.5 mm的毛；第二小花不孕，长楔形，仅存外稃，长约1.5 mm，顶端截平或略凹，芒长4～8 mm，自背部边缘稍下方伸出。颖果纺锤形，淡黄色，光滑无毛而半透明，长约2 mm。花果期6～9月。种子繁殖。

地理分布：遍布于全国各地，以沙质地更多见。新疆北疆棉田分布较多。

6. 马唐

学　　名：马唐 [*Digitaria sanguinalis* (L.) Scop.]，一年生禾本科马唐属单子叶植物。

别　　名：蹲倒驴。

形态特征：秆直立或下部倾斜，膝曲上升，高 10～80 cm，直径 2～3 mm，无毛或节生柔毛。叶鞘松弛包茎，大部短于节间，无毛或散生疣基柔毛；叶舌膜质，长 1～3 mm；叶片线状披针形，长 5～15 cm，宽 4～12 mm，基部圆形，边缘较厚，微粗糙，具柔毛或无毛。总状花序 3～10 个，长 5～18 cm，4～12 枚成指状着生于长 1～2 cm 的主轴上；穗轴直伸或开展，两侧具宽翼，翼绿色，边缘粗糙；小穗椭圆状披针形，长 3～3.5 mm；第一颖小，短三角形，无脉；第二颖具 3 条脉，披针形，长为小穗的 1/2 左右，脉间及边缘大多具柔毛；第一外稃等长于小穗，具 7 条脉，中脉平滑，两侧的脉间距离较宽，无毛，边脉上具小刺状粗糙，脉间及边缘生柔毛；第二外稃近革质，灰绿色，顶端渐尖，等长于第一外稃；花药长约 1 mm。花果期 6～10 月。

地理分布：西藏、四川、新疆、陕西、甘肃、山西、河北、河南及安徽等地均有分布。新疆各地棉田均有分布。

三、莎草科杂草

扁秆荆三棱

学　　名：扁秆荆三棱 [*Bolboschoenus planiculmis* (F. Schmidt) T. V. Egorova]，多年生莎草科三棱草属单子叶植物。

别　　名：三棱草、香附子等。

形态特征：具匍匐根状茎和块茎。秆高 60～100 cm，在新疆高度一般不超过 50 cm，一般较细，三棱形，平滑，靠近花序部分粗糙，基部膨大，具秆生叶。叶扁平，宽 2～5 mm，向顶部渐狭，具长叶鞘。叶状苞片 1～3 片，常长于花序，边缘粗糙；长侧枝聚散，花序短缩成头状，或有时具少数辐射枝，通常具 1～6 个小穗；小穗卵形或长圆状卵形，锈褐色，长 10～16 mm，宽 4～8 mm，具多数花；鳞片膜质，长圆形或椭圆形，长 6～8 mm，褐色或深褐色，外面被稀少的柔毛，背面具一条稍宽的中肋，顶端或多或少缺刻

状撕裂，具芒；下位刚毛 4～6 条，上生倒刺，长为小坚果的 1/2～2/3；雄蕊 3 枚，花药线形，长约 3 mm，药隔稍突出于花药顶端；花柱长，柱头 2 个。小坚果宽倒卵形或倒卵形，扁，两面稍凹或稍凸，长 3～3.5 mm。花期 5～6 月，果期 7～9 月。

地理分布：广泛分布在东北、华北以及内蒙古、江苏、浙江、云南、新疆等地。新疆各地棉田均有分布，其中南疆棉田分布较多，防治难度大。

第三章　棉田杂草防除方法

杂草防除是将杂草对人类生产和经济活动的有害性减低到人们能够承受的范围之内。防治杂草不是消灭杂草，而是在一定的范围内控制杂草，“避害扬利”将其控制在经济、生态或环境美化上可以容许的水平之下。而传统的杂草防治观念认为，有草即除，除草务净，从经济学、生态学观点来看，既没有必要也不可能。

近万年来，人类一直探索着防治杂草的各种途径、技术和方法。在距今1万年前的旧石期时代，人类就用刀耕、火种的方式进行农作，即用火烧草。至公元前1000年，人类开始用动物（牛或马）作动力牵拉锄头（一种原始的犁）控制杂草，用盐和灰除草。20世纪初，机械除草在许多工业发达国家普遍应用。最具里程碑意义的是20世纪中叶，2，4-滴对杂草抑制作用的发现，成为利用有机化合物防除杂草的起点，开创了杂草防除的新纪元，使得大面积、快速而有效地治理多种杂草成为现实，农业生产效率显著提高。从20世纪50年代到60年代，除草剂在欧美等国家得到广泛应用，有力地促进了农业生产的发展，获得了巨大的经济效益和社会效益。当时美国有一个报道，用1个工人到工厂生产除草剂等于100个人在田间除草。可以说化学除草有力地推动了农业的现代化。80年代以来，一批高效、超高效、低毒、安全、经济的除草剂品种研制开发并投入生产和应用，化学除草剂进入超高效发展阶段，农田化学除草的水平，成为衡量农业现代化的重要标志之一。我国自20世纪50年代以来，随着各地垦荒而建起的大型农场开始利用除草机械除草，除草技术有了较大的发展。1956年开始了化学除草剂的试验，探索化学除草技术。纵观人类治草的历史，归纳其采用的除草方式，大致包括农业防除、物理防除、人工防除、化学防除、生物生态防除和植物检疫等，为农业丰收、作物高产做出了贡献。随着现代生物工程技术的诞生和发展，控制杂草的新途径、新方法不断形成和应用，将对现代化农业产生革命性影响。

一、农业防除

农业防除主要是通过农业生产操作，减少杂草侵入或创造不适宜杂草生长的环境来控制杂草的危害，其优点是对作物和环境安全，不会造成任何污染，联合作业时，成本低、易掌握、可操作性强。但是农业防除难以从根本上削弱杂草的侵害，从而确保作物安全生长发育和高产、优质。

1. 阻断传播途径

防止杂草种子入侵农田是最现实和最经济有效的措施。杂草种子侵入农田的途径是多方面的，如伴随作物种子播种入田、秸秆还田、使用未腐熟的有机肥、成熟的杂草种子在田间的脱落，以及由于风、雨、水等作用的传播等方面。因此，要防止杂草种子入侵棉田就必须：

（1）保证棉种的净度和纯度，确保不使用含有杂草种子的优良棉种。

（2）减少秸秆直接还田。秸秆还田可以改良土壤理化性状、增加田间土壤中有机质含量等，但秸秆还田也是加重农田草害的因素之一。大量采用秸秆还田，可把大量的杂草种子留在田间。因此，应提倡将其切割堆制腐熟，再施入田间，既可肥田，又能减少田间杂草种子的基数。

（3）防止田间杂草产生种子。应在杂草种子尚未成熟之前采取措施予以清除。至少也要在棉花收获前，设法清理田间杂草或采取措施阻止杂草种子发育成熟，以减少杂草对下茬作物生长的压力。

（4）使用腐熟的有机肥料。农家肥中往往掺杂有大量的杂草种子，且保持有相当高的发芽力，有些杂草的种子被牲畜取食，经其胃肠的消化后更有利于发芽。如将这类未腐熟的有机肥料直接施入棉田，无疑同时也向田间输入了杂草种子。因此，家畜粪便必须要经过 50～70 ℃的高温堆沤处理，“闷死”或“烧死”混在其中的杂草种子后方可使用。

（5）清理田边、地头有害杂草。田边、路旁、沟渠、荒地等都是杂草容易“栖息”和生长的地方，是棉田杂草的重要来源之一，为了减少杂草的自然传播和扩散，应予以铲除或杀灭。但有研究表明，棉田周边、田埂上的碱蓬、苦豆子、甘草、骆驼刺、芦苇等杂草上的优势天敌种类与棉田相似（图 3-1），且天敌数量丰富，具有涵养、保护和增殖自然天敌的作用。碱蓬、苦豆子、甘草、骆驼刺是天敌的栖息地和扩散廊道，对棉田中天敌群落的建立与发展具有明显的促进和调节作用，进而可以提高天敌对棉田害虫的控制能力，尤其是对棉蚜防治有着重要意义。因此，对这些功能性杂草建议保留。

图 3-1　碱蓬、芦苇上栖息的天敌瓢虫、草蛉幼虫

2. 通过农业生产活动抑制或防除杂草

（1）轮作倒茬。连年种植同一种作物，往往导致该作物的伴生杂草迅速增加。因地制

宜地实行多种形式的轮作倒茬，创造一种不稳定的土壤环境，打破杂草群落的稳定性，使之不能形成优势种群是防治杂草行之有效的措施，可明显减轻杂草的危害，同时又可自然地更换除草剂，避免长期使用同类除草剂。例如稻棉轮作，由于稻田长期积水，可把扁秆荆三棱、刺儿菜和田旋花等多年生杂草的块根、根茎、根芽淹死，杂草发生量减少 80% 以上，这是防除多年生杂草简单易行、高效彻底的办法；麦棉轮作或棉花与玉米轮作，在麦田、玉米田有效控制住难防杂草之后再种棉花，就会显著减轻棉田草害防除的压力。

（2）合理密植。作物播种密度与杂草发生量关系密切，低密度播种比正常密度播种能显著增加杂草生物量，随作物密度的增加，杂草的总株数和鲜物质质量减少。研究表明，合理的密植有利于田间杂草的防控。经过多年的摸索，目前新疆有一膜三行、一膜六行等棉花种植模式，每亩保苗多在 0.9 万～1.3 万株。在 8 月份新疆棉花“封行”之后，棉田中新萌发或长势弱于棉花的杂草，因光照不足而生长发育缓慢，对棉花生产的威胁显著下降。但有些生长量比较大的杂草如龙葵、田旋花，依然能够快速生长，成为田间主要杂草，对棉花的产量和品质造成影响。

（3）健壮栽培。可以促进棉花早出苗、出壮苗和出齐苗的栽培措施都可以使棉花建立竞争优势，利于抑制杂草。如采用噻虫嗪、吡虫啉等种子处理剂对棉花种子包衣，一方面可降低地下害虫对幼苗的危害，有利于棉花苗蚜、蓟马的防控；另一方面可促进棉花幼苗健壮生长。棉花种子的活力对于种子早期生长也很重要，高活力的种子播到田间后出苗迅速、均匀一致，且由于较强的生命力，对田间逆境具有较强的抵抗能力。

二、物理防除

物理防除主要包括机械除草和物理除草两个方面。机械除草主要是指应用旋耕机、中耕机等机械作业，导致杂草个体或器官受抑制或致死的杂草防除方法，具有功效高、劳动强度低、对作物环境安全、无污染的优点，同时，还兼有松土、保墒、培土等有益作用。物理除草主要是利用水、光、热等物理因子进行除草，如利用暗火或明火的高温，在作物出苗前或在作物行间将杂草幼苗烧死。又如用薄膜覆盖土表提高温度以去除杂草等。目前在新疆棉田应用的物理防除措施主要有土壤耕作和地膜覆盖。

1. 土壤耕作

研究表明，农田杂草发生危害连续不断的主要根源在于土壤杂草种子库的存在。合理地进行土壤耕作，能够改变土壤中杂草种子的垂直和水平分布，还可以创造有利于农作物生长而不利于杂草萌发、生长与繁殖的环境，达到杂草防控的目的。棉田土壤耕作大致分为冬前深翻、播前耙地和播后中耕等。通过深翻土地，可将多年生杂草的根茎切断，或者翻到地表，经风吹日晒及冷冻死亡，同时可将土壤表层的草籽翻到深处，使杂草缺氧无法萌发出土。扁秆荆三棱严重发生的地块，可于棉花播种前浅耕地 15 cm，结合人工捡拾其根茎，带出田外销毁，降低杂草基数。中耕除草是棉花生产中广泛采用的除草措施，在棉花生长期间，根据气候、棉花长势、杂草发生等情况进行 1 次或多次中耕，能有效杀灭苗期和蕾铃期膜间杂草，同时可疏松土壤、增温保墒，有利于棉花快速生长（图 3-2、图 3-3）。

图 3-2 中耕可有效杀灭膜间杂草

图 3-3 无法中耕情况下，膜间杂草泛滥

2. 地膜覆盖

地膜覆盖不仅能增温保墒、培育壮苗，而且膜内高温能够将萌发的杂草幼芽“烫死”或“闷死”。此外，地膜能够阻止杂草种子进入土壤，对杂草的防控起到积极作用。自 20 世纪 80 年代开始推广地膜植棉以来，目前新疆棉花种植基本全部采用地膜覆盖种植模式，地膜对杂草的抑制作用十分明显。但是地膜覆盖对一些抗逆性强的杂草作用不大，如多年生杂草扁秆荆三棱、芦苇，因其顶部生长点尖锐，常常能够刺破地膜继续生长。此外，在棉花根部周围，因无地膜覆盖，杂草常常与棉花伴生，防除困难。

高堡膜是一种多层复合地膜，采用多层旋转剪切层流动态分配复合成型技术，使不同流场的薄膜像编织袋一样交错成型，以增加其抗穿刺能力，且其膜下温度较常规地膜高。据喀什地区农业技术推广中心试验，高堡膜压草效果明显，尤其对扁秆荆三棱防效显著（图 3-4、图 3-5）。

图 3-4 不同地膜在棉花覆膜播种 25 天的压草效果

图 3–5　不同地膜在棉花覆膜播种 60 天压草效果

三、人工除草

人工除草是指通过人工拔除、刈割、锄草等措施来治理杂草的方法，也是一种最原始、最简便的除草方法。缺点是无论手工拔草，还是用锄、犁、耙等除草，都费工费时，劳动强度大，除草效率低，不能满足农业现代化的发展需求。在新疆，棉田面积大，人工除草费时、低效、成本高的问题尤为突出（图 3-6），导致植棉成本大幅度提高。另外，有些杂草如田旋花、扁秆荆三棱、成年的龙葵等，其根系十分发达，拔除的时候杂草地下部分往往无法被彻底清除，而随着田间灌溉，杂草留在土壤中的根会萌发出新的植株继续危害。

尽管人工除草耗力多、工效低，但作为局部铲除残存杂草，仍然是一种重要的辅助除草措施。在新疆棉花覆膜滴灌种植模式下，棉花根部周围容易发生杂草，若发生量较大，则不得不人工拔除。棉花生育中后期，一些生命力比较顽强的杂草能拱起或刺破地膜而继续生长，也不得不进行人工拔除，并将其中已经成熟结籽的杂草带出棉田，以防止杂草种子落入土中在当年或翌年萌发生长。冬春翻地时需将多年生杂草根茎拣出田外，降低来年杂草基数。近年来，随着棉花化学打顶和机械化采收的推广应用，棉田劳作的主要内容就是人工除草，成本越来越高，人工除草费用已经远

图 3–6　人工除草费时费力工效低

远超过使用化学除草剂的成本。2020 年新疆棉田化学除草的成本在 30～65 元 / 亩，而有研究表明，2006 年针对杂草发生量大的棉田，仅龙葵的人工拔除成本就高达 50～80 元 / 亩，2018 年上升至平均 150 元 / 亩左右，龙葵发生较重的棉田，整个棉花生长周期拔除龙葵的人工费用在 300～800 元 / 亩不等。

四、化学防除

化学除草是利用化学药剂（除草剂）防除杂草的方法，它是在 20 世纪 40 年代 2，4- 滴问世后迅速发展起来的，已成为现代农业不可缺少的一部分。具有高效、方便、适合大面积使用、成本低、增产增效显著等优点。化学除草极大地减轻了农民的劳动强度，解放了农业生产力。

（一）棉田化学除草的发展历程

相对于其他大田作物，我国棉田化学除草起步较晚。1956 年，黑龙江省大型农场开始推广使用 2，4- 滴钠盐防除麦田阔叶杂草，但直到 20 世纪 70 年代中期以后，棉田才开始使用化学药剂进行杂草防除，试验筛选出伏草隆、敌草隆、除草剂一号、扑草净以及除草醚等化学除草剂，并进行了一定面积的示范推广。20 世纪 80 年代初，氟乐灵土壤处理防除一年生禾本科杂草取得成功，促进了棉田化学除草的发展，化学除草面积逐年扩大。随后又有甲草胺、乙草胺、异丙甲草胺、敌草隆、乙氧氟草醚、仲丁灵、二甲戊灵等土壤处理剂和精吡氟禾草灵、高效氟吡甲禾灵、精喹禾灵、烯禾啶等茎叶处理剂相继在各棉区推广。此外，还运用草甘膦、百草枯等灭生性除草剂定向喷雾或涂抹防除多种杂草。新疆棉田化学除草与我国其他棉区基本同步，从 20 世纪 70 年代开始小面积的试验示范、筛选，到 80 年代初大面积推广应用，主要以氟乐灵为主。由于氟乐灵除草效果显著，而且能大大提高田管工效，深受广大棉农欢迎。据兵团农二师 29 团测定，采用氟乐灵化学除草的棉田比未化学除草的棉田，人工中耕工效提高 3～4 倍。兵团农一师 9 团 13 连统计，该连 23 号棉田 291 亩，1979 年未使用除草剂，定苗、除草一次完成，总用工 1659 个，平均每亩用工 5.7 个；1980 年使用氟乐灵后，同样定苗、除草一次完成，只用工 241 个，平均每亩用工 0.8 个，仅这一项每亩就节省用工 4.9 个。但随着使用年限的增加，棉田出现了大小苗、棉花主根呈萝卜状畸形肿大，药效变差等现象，为了提高杂草防效，棉农随意加大用药量，导致药害进一步加重。为此，兵团在 1998 年开展了禾耐斯（90% 乙草胺乳油）防除棉田杂草试验示范。禾耐斯以其除草效果显著、单位成本低廉且操作更简便，成为替代氟乐灵用于棉花田播前土壤封闭的主要除草剂。但随着膜下滴灌、滴水出苗栽培措施的大面积推广应用，乙草胺也逐渐退出，开始大面积示范推广安全性更好的二甲戊灵，至今二甲戊灵的使用占到了新疆植棉面积的 95% 以上。棉田化学除草已经成为棉花现代化栽培体系的重要组成部分，在棉田杂草防除中具有不可替代的作用。

截至 2022 年 11 月底，我国登记在棉花 / 棉花田 / 棉田（以下统称棉田）的除草剂品种有 22 个，登记产品 300 个，其中，土壤处理除草剂有二甲戊灵、氟乐灵、乙草胺、扑草净、仲丁灵、甲草胺、敌草隆、噁草酮、丁草胺、乙氧氟草醚、精异丙甲草胺、敌草胺、丙炔氟草胺、氟啶草酮等 16 种（图 3-7），主要集中在二甲戊灵、氟乐灵和乙草胺，这 3 个品种的产品登记数量占到棉田土壤处理除草剂总数的近 70%。棉田茎叶处理除草剂登记品种有高效氟吡甲禾灵、精噁唑禾草灵、精吡氟禾草灵、精喹禾灵、草甘膦、苯嗪草酮、烯禾啶、乙羧氟草醚、噁草酸、喹禾灵等 10 个（图 3-8），防治靶标主要集中在禾本科杂草，其中，精喹禾灵的产品登记数量最多，达到了 37 个。防除阔叶杂草的除草剂只有乙羧氟草醚和苯嗪草酮 2 个，此外，还有 21 个灭生性除草剂草甘膦。

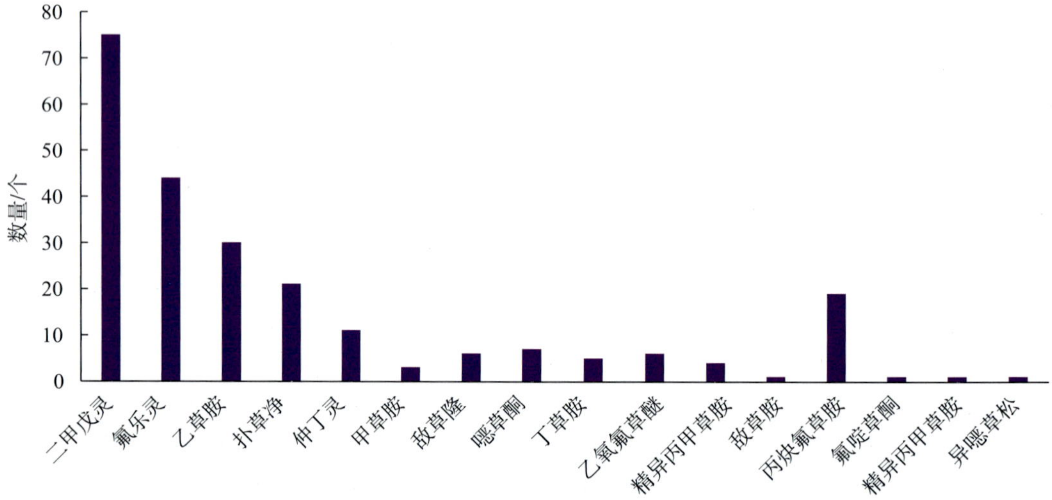

图 3–7　我国棉田土壤处理除草剂登记产品数量比较

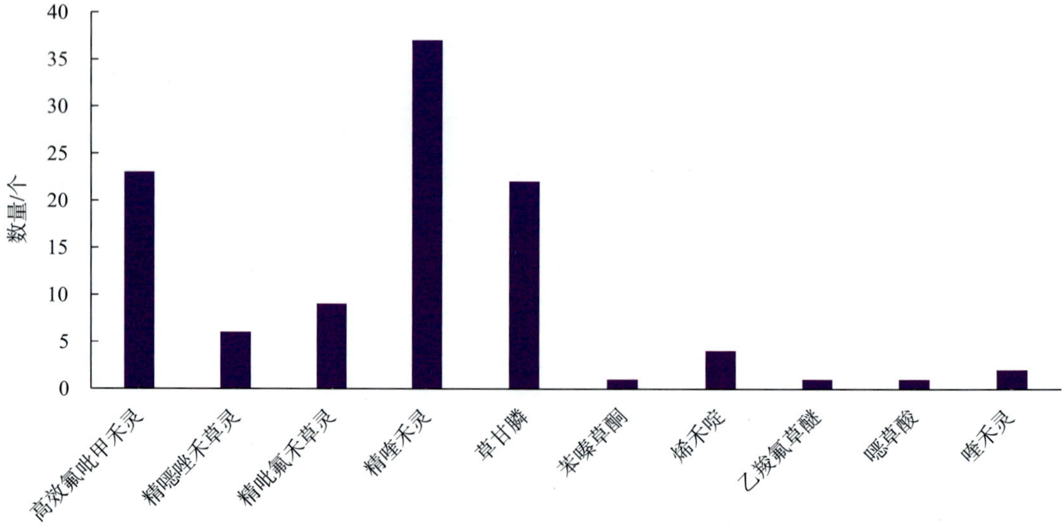

图 3–8　我国棉田茎叶处理除草剂登记产品数量比较

在剂型方面，有乳油、可湿性粉剂、水剂、水分散粒剂、悬浮剂、水乳剂、微囊悬浮剂、微囊悬浮 - 悬浮剂、微乳剂、可溶粒剂 10 种（图 3-9），呈现多元化的发展趋势，但仍以传统高污染剂型为主，如以乳油和可湿性粉剂登记的产品数量接近 80%，其在生产过程中大量使用甲苯、二甲苯和苯等作为溶剂，会对环境造成很大污染。

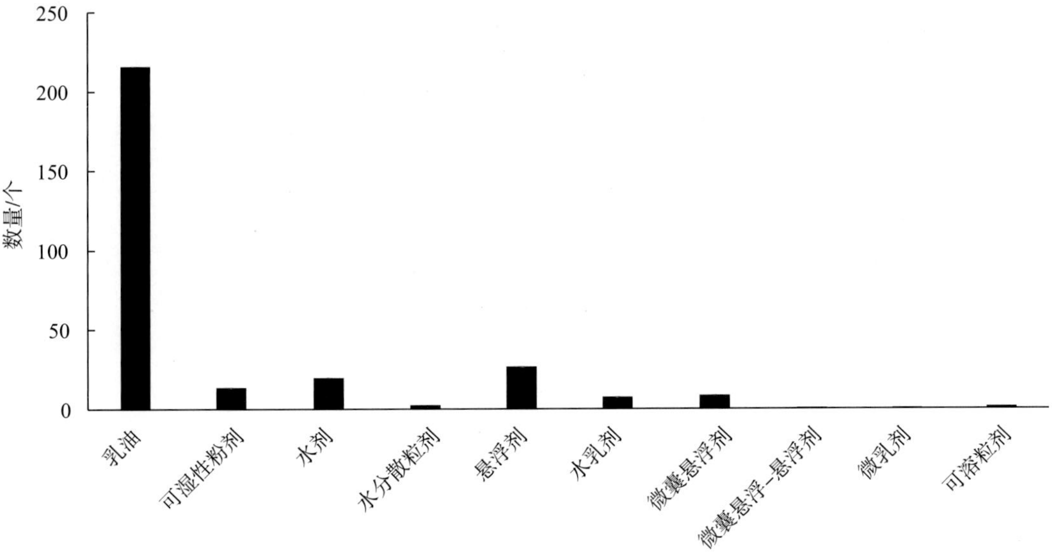

图 3–9 我国棉田除草剂农药剂型登记情况

与麦田、稻田化学除草剂相比，棉田化学除草剂种类仍然偏少。尤其是受制于新疆春季气候多变以及覆膜播种、滴水出苗栽培措施的推广应用，可选择用于新疆棉田杂草安全高效防除的除草剂品种更少。此外，仍然缺乏安全有效防除田旋花、扁秆荆三棱等多年生杂草的土壤和茎叶处理剂。迫切需要开发新作用机制的棉田除草剂，安全、高效、环保，供生产选用。

（二）棉田化学除草技术

化学防除对使用技术要求较高，一旦使用不当，轻则造成除草效果不好，重则导致棉花出现药害甚至绝收。为了更好地发挥化学防除的效果，首先，必须对棉花品种、耕作方式、杂草群落结构、除草剂的杀草谱、使用剂量、药效持续时间等基础信息进行全面了解，“对症”选药；其次，严格按照药剂的使用说明或技术人员的指导进行使用，切勿随意更改使用技术。

1. 棉田除草剂使用方法

除草剂的使用方法与除草剂的种类、加工剂型和施药时期有密切关系。目前，新疆棉田杂草化学防除方法主要包括棉花播前土壤处理、棉花苗后茎叶处理和随水滴施处理。

（1）土壤处理。是指将除草剂用喷雾的方法施到土壤表层或通过混土操作把除草剂拌入到土壤一定深度，形成一个除草剂封闭层，在杂草萌发穿过封闭层的过程中使杂草受害，抑制生长或致其死亡。目前，在新疆通常选用含二甲戊灵、氟啶草酮、扑草净、丙炔氟草胺、氟乐灵、乙氧氟草醚等有效成分的除草剂进行播前土壤封闭处理，根据田间杂草的群落结构和数量、后茬种植计划等选用上述药剂的单剂、复配制剂或混用。我国已登记的棉田土壤处理除草剂及其防治对象和优缺点见表 3-1。土壤封闭除草效果受土壤因子（包括土壤类型、有机质及黏粒含量、土壤墒情、整地质量等）、气候因子（包括气温、风速、降水等）、施药器械、使用技术、杂草基数及抗药性等诸多因素的影响，使用不当或药剂存在质量问题时，会对棉花造成不同程度的药害。

表 3-1　我国已登记棉田土壤处理除草剂及其防治对象和优缺点

序号	有效成分	主要防治对象	优缺点
1	二甲戊灵	一年生禾本科杂草、部分小粒种子阔叶杂草	安全性高，对龙葵有一定的抑制作用，但效果差
2	氟乐灵	一年生禾本科杂草和某些阔叶杂草	易挥发和光解，用量大时易产生药害，导致根肿。对龙葵防效差
3	仲丁灵	一年生禾本科杂草和部分阔叶杂草	易挥发，对龙葵有一定的抑制作用，但效果差
4	甲草胺	一年生禾本科杂草和部分阔叶杂草	持效期短，淋溶性强，滴水出苗情况下易产生药害
5	乙草胺	一年生禾本科杂草和部分小粒种子的阔叶杂草	淋溶性强，滴水出苗情况下易产生药害
6	敌草胺	一年生杂草	淋溶性强，滴水出苗情况下易产生药害
7	精异丙甲草胺	一年生禾本科杂草及部分阔叶杂草	淋溶性强，滴水出苗情况下易产生药害
8	异噁·丁草胺	一年生杂草	对禾本科杂草效果明显，复配制剂中丁草胺淋溶性强，滴水出苗情况下易产生药害
9	甲戊·异丙甲草胺	一年生杂草	防除禾本科杂草的效果远远好于阔叶杂草；异丙甲草胺滴水出苗情况下易产生药害
10	噁草酮	一年生杂草	对龙葵有一定效果，易产生药害
11	敌草隆	一年生杂草	对龙葵有一定效果，易产生药害（登记试验的倍量处理即有药害）
12	乙氧氟草醚	一年生杂草	对龙葵有一定效果，使用技术要求较高，否则会影响防效。施药超量，遇高温、高湿易产生药害
13	扑草净	一年生杂草	对龙葵有一定效果，温度过高或用量过大易导致棉苗黄化，甚至死亡，持效期短
14	丙炔氟草胺	一年生杂草	对龙葵效果较好，低温多雨和高温高湿情况下易产生药害
15	氟啶草酮	一年生杂草	防除龙葵效果好，对棉花安全性高，需根据土壤条件，依作物安全间隔期合理选择后茬作物

（2）茎叶处理。是指杂草出苗后，将除草剂施于杂草茎叶被吸收后，干扰其某种生理生化过程，从而把杂草杀死。具体有茎叶喷雾、茎叶定向喷雾和茎叶涂抹、滴心 4 种施药方式。

棉花进入苗蕾期，播前单用二甲戊灵或二甲戊灵 + 扑草净（乙氧氟草醚 / 丙炔氟草胺）等除草剂土壤封闭除草的田间药效逐渐消失，随着气温逐渐升高，尤其是棉田开始滴水后，杂草（以龙葵居多）大量出土，迅速生长。赵冰梅、朱玉永等（2021）对唑酮草酯、嘧草硫醚等除草剂进行了多点多地茎叶处理防除龙葵等棉田杂草田间药效试验，结果显示（图 3-10，图 3-11），唑酮草酯各试验剂量处理区棉花生长正常，未见药害症状；嘧草硫醚 25 mL/ 亩处理药后 3 天棉花叶片上出现点状枯斑，新发叶片正常，药后 7 天所有试验点各处理区棉花新叶、次新叶黄化。

对杂草的防效结果显示，唑酮草酯对以龙葵为优势种群的新疆棉田杂草的总株防效较低，杂草死亡率低，但生长抑制作用明显，鲜重防效明显高于株防效，最高达到 71.5%。嘧草硫醚对龙葵等阔叶杂草的防除效果亦不理想，各处理区仅小龄杂草干枯死亡，大部杂草生长停滞、黄化，新叶萎缩变小，另有新芽从龙葵下部的分枝部位萌发，药后 20 天调查发现龙葵顶部的部分叶片变成紫黑色，植株矮化，仍可开花结实。

图 3-10　唑酮草酯茎叶喷雾对棉花生长无影响，对龙葵生长抑制作用显著

图 3-11　嘧草硫醚茎叶喷雾造成棉花新叶、次新叶发黄，对龙葵生长抑制作用显著

有人比较了棉田茎叶喷雾嘧草硫醚和三氟啶磺隆对棉花的安全性和对龙葵的活性，发现嘧草硫醚对 2～3 叶以下的龙葵活性较高，棉花子叶期用药，对棉花第 1～2 片真叶影响

较大，但后续叶片生长正常，三氟啶磺隆对龙葵活性高于嘧草硫醚，但是对棉花安全性较差（图 3-12）。综合评价除草活性和安全性，认为棉花子叶期茎叶喷雾嘧草硫醚或可作为棉田龙葵防除的补充技术之一，但具体使用技术还需要进一步研究和明确。

图 3-12　嘧草硫醚茎叶喷雾处理对棉花的安全性试验

由于棉花的生理结构与田间部分阔叶杂草如龙葵极为相似且杂草的生命力较顽强，因此只有选择性强、杀草活性高的茎叶除草剂才能在棉田大面积应用。目前，缺乏既能高效除草又对棉花安全的棉花苗后防除阔叶杂草的茎叶除草剂产品，导致苗后杂草防除困难。即便有防效良好的茎叶处理除草剂，在覆膜植棉条件下，位于棉花种孔周围的杂草，被地膜部分遮掩难以有效着药，极大地影响茎叶处理的防除效果。

棉花苗后稗、狗尾草等一年生禾本科杂草丰富的地块，可选用精喹禾灵、精吡氟禾草灵、高效氟吡甲禾灵、精噁唑禾草灵等防除。

对扁秆荆三棱、田旋花、芦苇等恶性杂草，目前常用的土壤封闭除草剂无法达到理想的效果，导致这些杂草从棉花苗期开始便伴随棉花生长，目前多采用草甘膦、氯氟吡氧乙酸等传导性强的除草剂定向喷雾或茎叶涂抹进行防除。有研究表明，人工茎叶涂抹对扁秆荆三棱的防效最高可达 90%，对田旋花的防效最高也可达 90%。这种方法对恶性杂草虽有较好的防除效果，却易损伤棉花，且劳动强度较大。所用药剂除草甘膦外，大多未在棉田登记。石河子大学研究团队探索了棉花收获前第 2 次脱叶时，脱叶剂（噻苯・敌草隆）桶混除草剂草甘膦异丙胺盐或草铵膦或丙炔氟草胺茎叶喷雾防除田旋花技术（图 3-13）。结果表明：噻苯・敌草隆 + 草甘膦异丙胺盐桶混防除田旋花效果较好，药后田旋花叶片卷曲、茎秆变褐，根部变黑腐烂，对棉花产量及品质无显著影响，且可降低次年田旋花发生率 63.9%～74.4%。但噻苯・敌草隆 + 草铵膦处理导致棉纤维断裂比强度显著降低，而噻苯・敌草隆 + 丙炔氟草胺（使用剂量 8 mL/ 亩）处理造成棉籽中丙炔氟草胺残留超标。

合力科技股份有限公司、日本农药株式会社分别探索了飞防三氯吡氧乙酸 + 唑草酮、吡草醚于棉花脱叶时兼防田旋花技术（图 3-14、图 3-15）。

图 3–13　棉花第 2 次喷施脱叶剂时混用草甘膦防治田旋花

图 3–14　三氯吡氧乙酸 + 唑草酮于棉花脱叶时兼防田旋花

图 3–15　吡草醚于棉花 2 次脱叶时兼防田旋花（10 月 5 日用药）

（3）随水滴施。是指借助棉田已有压力灌溉系统将除草剂随灌溉水一起按时、均匀、准确地输送到棉花根际封杀已出土杂草幼苗和未发芽杂草种子。在新疆，针对随水滴施农药防控病虫草害已经开展了很多研究。赵冰梅、朱玉永等（2020，2021）年对 50% 丙炔氟草胺 WP（可湿性粉剂，下同）、50% 扑草净 WP、42% 氟啶草酮 SC（悬浮剂，下同）、960 g/L 精异丙甲草胺 EC（乳油，下同）、900 g/L 乙草胺 EC 和 40% 扑・乙 EC 随水滴施防除龙葵等棉田杂草进行了多次田间药效试验（图 3-16、图 3-17），结果表明，50% 丙炔氟草胺 WP 4～10 g/ 亩（制剂量）随水滴施，各处理区棉花生长发育与清水对照区无差异。仅第六师新湖农场试验点，10 g/ 亩处理区的个别棉花植株基部有 1～2 叶的叶脉发红，第八师 144 团试验点，4 g/ 亩和 8 g/ 亩处理区有 2 处共 4 株棉花，主茎地面以上

10～15 cm 处变色（紫红）缢缩，基部 1～2 叶出现紫红叶脉，分析原因是施药时滴灌带（毛管）个别位置有漏液造成小面积地面径流，试验人员在地里走动溅起的药液造成附近棉花触杀性伤害。在第六师新湖农场试验点发现 50% 扑草净 WP 150 g / 亩处理区的棉花叶片轻微黄化，氟啶草酮 SC、精异丙甲草胺 EC、乙草胺 EC 试验剂量内未见药害现象。

图 3-16　随水滴施丙炔氟草胺产生的药害症状

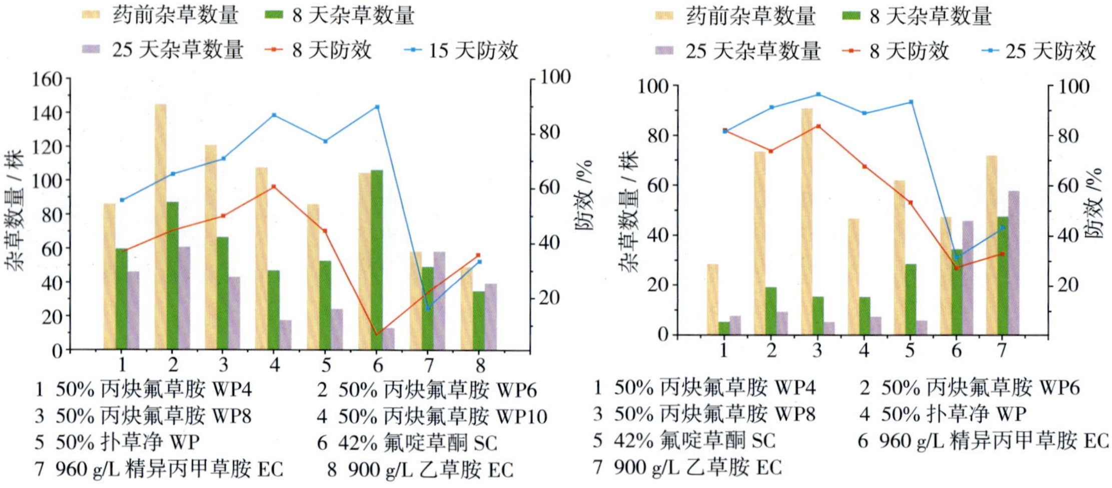

图 3-17　随水滴施除草剂防除龙葵、灰绿藜等阔叶杂草效果

防效结果表明，50% 丙炔氟草胺 WP 4～10 g/ 亩、42% 氟啶草酮 SC 40 g/ 亩、50% 扑草净 WP 150 g / 亩对前期已出土龙葵、灰绿藜、藜等一年生阔叶杂草有较好的杀灭作用，同时又能封闭新一轮杂草的萌发，试验剂量内随使用药量的增加防效提高。丙炔氟草胺随水滴施，表现出活性高、单位用药量更少、作用迅速、环境友好的优点，速效性好于氟啶草酮但长于扑草净。精异丙甲草胺和乙草胺对棉田龙葵、灰绿藜、藜等一年生阔叶杂草的

防控效果不理想。

田间观察和调查数据显示，草龄越小的杂草，防效越好越彻底，尤其是50%丙炔氟草胺WP处理，施药时已现蕾分叉的龙葵会在受药后致地上部茎叶枯死，但后期会从茎基部重新发出新叶，说明杂草其实并未完全死亡，而10叶以下的龙葵基本完全枯死。说明随水滴施除草剂，杂草草龄对防效的影响较大。此外，随水滴施除草剂的杂草防除效果与滴灌带（毛管）铺设位置有关，滴灌带（毛管）铺设在棉花窄行中间处的防效要好于滴灌带铺设在宽行间，这可能是受滴灌施入的药液在土壤中的运移及分布影响，当滴灌带铺设在宽行间时，药液到达滴灌带外侧棉花播种行的距离要远些，若地面再不平整，药液不能完全润湿靶标（杂草）区域土壤，则该处的杂草防控效果不佳。已有研究结果表明，滴灌条件下，土壤质地、滴头流量、灌水量是影响滴灌水分扩散的主要因素，对于特定土壤而言，选择合适的滴头流量和灌水量对于灌溉水在根区的分布有重要作用。有研究通过滴灌使用阿维菌素防治番茄根结线虫病发现药剂扩散与水分扩散存在相关性，药剂扩散显著滞后于水分扩散，用水量对药剂扩散面积起主要作用。因此，田间进行滴灌施药时，应适量增大灌溉水量，以增大药剂在土壤中的分布范围，提高均匀性，保证最佳使用效果。对于滴水均匀性差、性能不稳定的滴灌系统以及一膜两管配置的棉田不宜使用该技术。

朱玉永等对随水滴施丙炔氟草胺在棉田土壤中的降解进行了研究，结果表明，随水滴施丙炔氟草胺8～10 g/亩防除棉田杂草，药后58天，丙炔氟草胺在土壤中的残留量仅为初始沉积量的8%，药后110天，所有土样中均未检测到丙炔氟草胺残留。

随水滴施除草剂已成为棉花苗后龙葵防除的有效手段，但试验示范和近年大量的田间应用表明，该项技术的使用要求非常高，要达到理想的除草效果，远比常规方法（土壤封闭处理、茎叶处理等）困难，除需考虑土壤质地、杂草种类、草龄大小、精准用药量外，还要考虑滴灌系统的配置及运行稳定性、灌溉水量、棉田平整度、光照、气温等诸多因素。采用该技术前，需进行小面积试验，以确保对棉花安全（图3-18至图3-21）。

图3-18　随水滴施50%丙炔氟草胺WP防除棉花苗后杂草田间效果

图3-19　随水滴施50%扑草净WP防除棉花苗后杂草田间效果

图 3-20　随水滴施 40% 扑・乙 EC 防除棉花苗后杂草田间效果

图 3-21　随水滴施 42% 氟啶草酮（龙草净®）防除棉花苗后杂草田间效果

2. 化学除草策略

根据新疆覆膜滴灌密植机采棉种植模式下杂草的发生危害特点，采用“封杀滴补”的杂草防除策略，因地制宜、灵活组合、科学选药、规范使用，才能实现安全、高效、经济防除棉田杂草的目的。

“封”是指棉花播前土壤封闭处理。对于新疆覆膜、滴灌、密植植棉模式，因不能揭膜进行人工或机械除草，又缺乏安全有效的苗后防除阔叶杂草的茎叶处理除草剂，因此做好播前土壤封闭处理是控制棉花全生育期杂草发生危害的重要措施和必不可少的环节。

“杀”是指棉花苗后茎叶处理。棉花出苗后，根据田间杂草种类、除草剂特性，选用茎叶喷雾、茎叶定向喷雾、茎叶涂抹或滴心处理防除杂草。

“滴”是指除草剂随水滴施。棉花出苗后，对龙葵、灰绿藜等一年生阔叶杂草重发棉田，可视棉田平整度、滴灌系统布设、滴灌条件、棉花生育期、草龄大小等具体情况，随水滴施除草剂封杀已出土杂草幼苗和未发芽杂草种子。

“补”是指在棉花花铃期，对于田间零星杂草茎叶定向喷雾灭控或棉花收获前第 2 次脱叶时桶混除草剂喷雾防除田旋花，降低来年杂草基数。

化学除草剂的广泛应用大大提高了棉花的生产效率，成为棉田生产必不可少的技术要素，但也带来了一系列令人头痛的问题，如除草剂污染环境，危害人体健康；长期使用单一除草剂，造成杂草群落发生演替、难防除杂草的比例上升、杂草抗药性；作为天敌寄主的杂草在数量上减少，给天敌的传宗接代带来了潜在的威胁和强大的生态压力等。因此，在应用化学除草剂时，不仅要考虑其除草效果，同时也应该考虑其对作物和生态环境的影响。因地制宜，合理地使用化学除草剂在棉花生产中起着至关重要的作用。

五、生物防除

杂草的生物防除是指利用寄主范围较为专一的植食性动物或病原微生物（直接取食、形成虫瘿、穴居植物组织或造成植物病害）及其代谢物质、化感物质来控制杂草的危害，具有投资少、收益大、不污染环境、不产生药害等优点。对于除草剂有抗性或很难用除草剂防治的杂草、发生在特殊环境中（如水域）的杂草、外来杂草、多年生杂草和有毒杂草，生物防除往往是最理想的方法。

1. 动物治草

即以动物治理杂草。选择合适的食草动物，不仅能有效地利用动物控制杂草，还能利用杂草产生养殖效益。有些动物在食草的同时，还能捕食害虫，培肥地力，从而减少化肥农药用量。因此，动物治草具有较好的综合效益。如南美洲农场主利用白鹅喜食杂草、厌恶棉株的习性进行棉田养鹅除草。据试验，平均 50 只白鹅可以完成 60 亩棉田的除草任务。1935 年，多年生植物加拿大一枝黄花作为观赏植物引入我国，引种后逸生成恶性杂草，泛滥成灾，被称为生态杀手、霸王花，列入“中国外来入侵物种名单”。由于加拿大一枝黄花含蛋白量比稻草高，江西九江市一湖羊养殖户用其当饲料，每只湖羊一天可吃六到七斤加拿大一枝黄花，既给羊多补充了营养，又降低了精饲料的使用量，降低了成本。

2. 以虫治草

以虫治草是利用某些昆虫能相对专一地取食某种（类）杂草的特性来防治杂草的方法。如中国科学院昆明生态研究所用泽兰实蝇防治恶性杂草紫茎泽兰获得成功并开始大田应用。1987 年，中国农科院生物防治研究所从加拿大、苏联引进豚草条纹叶甲，进行专一性试验和试验性释放，用于控制恶性杂草豚草。尖翅小卷蛾又叫席草虫，属鳞翅目卷蛾科尖翅小卷蛾属，是一种为害席草（编织凉席、草帽、地毯等用）、油莎豆等作物的害虫，其幼虫蛀食草茎的髓部，使草茎折断枯黄，引起席草受害损失达 30%。该虫的食性较为专一，主要以扁秆荆三棱等莎草科杂草为主。兵团农二师 30 团在 1981—1982 年对尖翅小卷蛾防治扁秆荆三棱进行了研究。田间调查发现，尖翅小卷蛾在自然条件下对大田扁秆荆三棱的平均蛀食率在 64.6%～92.9%，被食扁秆荆三棱的平均死亡率在 55.8 %～63.0%，大大减轻了扁秆荆三棱危害。尖翅小卷蛾幼虫能蛀食到扁秆荆三棱根茎，对地下根茎的侵袭作用明显。尖翅小卷蛾对水稻、棉花、玉米、小麦、大豆幼苗较为安全，均未见危害。1998 年有研究报道了尖翅小卷蛾的生活史、习性及自然种群消长情况（图 3-22、图 3-23）。2022 年塔里木大学肖海兵团队报道尖翅小卷蛾幼虫在室内投放 20 头 / 箱（30 株杂草）的控草率可达 96.7%，根茎被蛀食率为 21.0%，在棉田对扁秆荆三棱的自然控制效果在 30.6%～81.6%，表现出对棉田莎草科杂草具有较好的防控效果，另外，也发现该幼虫对玉米出现轻微取食，该虫对作物的安全性还有待进一步验证。

1

2

3　　　　　　　　4

图 3-22　尖翅小卷蛾（*Bactra lancealana* Hubner）

1 幼虫形态图　2 蛹形态图　3 卵　4 成虫

图 3-23　尖翅小卷蛾（成虫）雌雄生殖器（左为雄蛾，右为雌蛾）

3. 以菌治草

一般来讲，杂草病原微生物都是杂草的天敌。但是，只有那些能使杂草严重感染，影响杂草生长发育、繁殖的病原微生物才有望成为生物防治作用物。植物病原菌防治农田杂草的第一个成功例子是对粉苞苣的治理。灯芯草粉苞苣是一种高大的野生植物，于 19 世纪初从欧洲传入澳大利亚，该草的蔓延危害使澳大利亚 1 500 多万亩小麦生产受到威胁，且常缠绕住收割机械，致使许多农场主被迫放弃小麦种植。1960 年澳大利亚从地中海地区找到一种寄生锈菌，该菌侵染灯芯草粉苞苣的茎和花葶，使花和种子减少，种子生活力下降，影响杂草繁殖能力，经研究引入后取得巨大的成功，投资与收益比达到 1∶112，成为澳大利亚生物防治史上的一个里程碑。近年来，新疆农垦科学院从田间自然发病、死亡的田旋花中，分离获得 2 个对田旋花具有强致病力的链格孢菌菌株，室内无伤接种防效分别达到 81.22% 和 83.55%，有伤接种可明显提高致病力，对棉花生长无影响（图 3-24、图 3-25）。

203 菌株［有伤（左）和无伤（右）接种］　清水对照　124 菌株［有伤（左）和无伤（右）接种］

图 3–24　室内植株接种结果

203 菌株　清水对照　124 菌株

图 3–25　室内防效试验

4. 生物除草剂

生物除草剂是指在人为控制条件下，选用能杀灭杂草的天敌，进行人工培养繁殖后获得的大量生物制剂，其产品主要是微生物制品，尤以真菌居多。生物除草剂具有 3 个显著特点：一是经过人工大批量生产而获得的大剂量生物制剂；二是淹没式应用，以达到迅速感染，并在较短的时间里杀死杂草；三是对非靶标生物及哺乳类动物安全，环境相容性好，较少或不存在三废问题。

在生物除草剂的研究开发方面，美国于 1981 年登记注册了第一个生物除草剂 De Vine。1963 年山东省农科院研究的用炭疽菌“鲁保 1 号”防治大豆菟丝子，是我国首次成功的以菌治草项目。目前，能在生产上大面积使用的生物除草剂仍是屈指可数，与化学除草剂的使用相比相当逊色。

在杂草生物防治作用物的搜集和有效天敌的筛选过程中，必须坚持“安全、有效、高致病力”的标准。在实行生物防治的过程中，无论是本地发现的天敌，还是外地发现的天敌，都必须严格按照有关程序引进和投放，特别需要做的是寄主专一性和安全性测试。通过测验来明确天敌除了能作用于目标杂草外，对其他生物是否存在潜在的危害性。否则，一旦释放，难以控制其扩散，具有潜在的生态风险。另外，杂草生物防治技术收效慢，一般需要 3～10 年才能达到较好的控制效果。因此当以根除和及时防治为目的时，不适宜用生物防治方法。

六、植物检疫

植物检疫是国际或各地区间用以防止杂草等外来有害生物传播的一种预防性措施。该措施对恶性杂草的远距离传播能够起到有效的拦截作用，是杂草防除中不可缺少的重要一环。例如，假高粱原产于地中海地区，现已经传入美洲、澳洲、欧洲、亚洲和非洲，被普遍认为是世界农作物最危险的恶性杂草之一。假高粱的嫩芽聚积有氰化物（氢氰酸），牲畜食用后会引起中毒。1988 年我国徐州市首次发现有假高粱，现已传播到江苏、浙江、湖北、湖南、海南、天津等 6 个省（市）的 34 个县（市、区）。又如刺萼龙葵，为茄科茄属有严重危害的有毒植物，具有很强的繁殖力，对棉花等农作物有危害，对马、羊、牛有毒害。原产于北美，在美国被列为有害杂草，在加拿大被列为入侵植物，在俄罗斯被列为境内限制传播的检疫杂草，2006 年 8 月首次在乌鲁木齐被发现（图 3-26）。

图 3-26　刺萼龙葵

豚草和三裂叶豚草，原产于北美洲，一年生草本，具有极强的繁殖能力和环境适应能力，生长中易排斥其他植物，很快形成单种优势群落，导致作物大面积草荒，以致绝收，是世界上公认的有害植物之一，有“植物杀手”之称。豚草和三裂叶豚草不仅对农业生产危害大，而且其散发的大量花粉飘浮于空气中，会引起过敏体质者鼻炎或哮喘等，严重者导致死亡。2012 年 8 月，在新疆伊犁河谷发现豚草和三裂叶豚草，发生面积呈逐年上升趋势，若不加以限制和禁止，必然造成农牧业生产的巨大损失（图 3-27）。加强杂草检疫和监管力度，棉花引种时，应经检疫合格，防止这些重大恶性杂草的草籽混杂在作物种子及包装材料中侵入农田、果园、草原。加强种子田管理，杂草多的地不宜作为留种田，以防杂草混入棉花种子中大范围扩散。

图 3-27 豚草、三裂叶豚草危害

七、杂草的综合防治

大量事实告诉我们，任何单一的杂草防治方法都不是完美无缺的，而有其局限性。20 世纪 70 年代，美国提出了“杂草综合治理”的概念，它是指在了解杂草生物学和生态学的基础上，因地制宜地利用现有的物理、化学、生物等防治措施，并进行有机组合应用，将杂草危害控制在生态经济危害水平以下，达到作物持续稳产、高产。

杂草的综合治理是一个草害的管理系统，它允许杂草在作物不受害的情况下继续存在，一般当杂草密度所造成的经济损失达到或超过防治所需的费用时才进行防治（检疫性杂草除外），不可片面追求除草效果而彻底消灭杂草。在该系统中，各种防治措施根据实际需要进行具体的计划，相互配合，合理安排，把杂草防除提高到一个崭新的水平。

综合治理的具体内容在不同地区、不同作物、不同年份都会有所差别。新疆自然条件、棉花种植模式和管理模式与内地相比差异巨大，造就了特有的杂草发生危害特点，因此在防治策略上应立足早期治理，同时抓好中后期影响机采的恶性杂草防治；在防除措施上，以植物检疫为关口，农业防除为基础，化学防除为主要手段，辅助物理防除和人工除草，针对不同棉田的杂草种类和数量，采取不同的方法组合，科学控制杂草的发生与危害，保障棉花产业持续高效发展。

第四章　棉田化学除草剂

一、除草剂基本知识

（一）除草剂的分类

除草剂是农药的重要组成部分，是用于消灭或控制杂草生长危害的一类物质。除草剂的发现是近代农业科学的重大成就之一。化学除草具有快速、高效、省力、经济的特点，已经成为现代农业技术不可缺少的组成部分，在保障农业稳产高产中发挥了巨大作用。

除草剂的种类繁多，为了便于科学地应用除草剂，根据合成除草剂的材料来源、除草剂作用方式、使用方法、施药时间、作用机理等多方面将其系统地分成了各种类别。

（1）根据剂型可将除草剂分为固体制剂和液体制剂 2 大类，固体制剂有粉剂、可湿性粉剂、烟剂、片剂、颗粒剂等，液体制剂有乳油、水剂、悬浮剂、可溶液剂等。

（2）根据原材料的来源，可将除草剂分为无机和矿物除草剂、生物源除草剂、有机合成除草剂 3 类。

①无机和矿物除草剂包括无机盐如硫酸铜、硼砂、氨基磺酸铵等，砷盐如亚砷酸钾、亚砷酸钠、六氟砷酸钾等。这些药剂一般对杂草防效低，对作物安全性差，对人畜毒性高，大多数已经不再使用。

②生物源除草剂是指人工培养繁殖的可杀灭杂草的生物制剂，分为植物源除草剂、动物源除草剂及微生物除草剂。由于其专化性差、杀草谱窄、药效发挥对环境要求严格等，无太多成功先例。

③有机合成除草剂即除草有效成分为有机化合物的除草剂，是目前品种最多、使用最广泛的一类除草剂。

（3）根据对杂草和作物的选择性，可将除草剂分为选择性除草剂和非选择性除草剂或灭生性除草剂 2 类。

①选择性除草剂　除草剂在作物和杂草间具有选择性，能毒害或杀死杂草而不伤害作物，甚至只毒杀某种杂草而不损害作物和其他杂草，通常把这种特性称为选择性，具有这种特性的除草剂称为选择性除草剂。例如，在麦田喷洒 2 甲 4 氯钠，可以杀死灰藜、碱蓬、苦豆子、骆驼刺、苍耳等阔叶杂草，而对稗无效，对小麦安全，适用于麦田，但它对棉花、大豆等双子叶作物有药害，不宜在这些作物中使用。又如，精喹禾灵做苗后茎叶处理，能用于大豆、花生、棉花等阔叶作物田防除狗尾草、稗等禾本科杂草，而不能用于玉米田，否则它会将玉米当成禾本科杂草杀死，它也不能杀死阔叶杂草。再如莠去津，可用

于玉米田防除反枝苋、稗、牛筋草等阔叶杂草和部分禾本科杂草，对玉米安全。2 甲 4 氯钠、精喹禾灵和莠去津的这种性质就是选择性。

除草剂的选择性是相对的，它在一定剂量范围内具有较好的选择性，超过了选择性剂量范围就变成了灭生性除草剂。在某些杂草和某种作物之间有良好选择性的药剂，对另一种作物可能就不具有选择性。除草剂的选择性还受施药时间、用药技术、用药方法和施药前后环境条件的影响。如增加莠去津的用量到一定程度，不仅可以轻易地杀死玉米，甚至可以杀死大片的灌木林。丙炔氟草胺推荐剂量下在杂草和棉花之间具有较好的选择性，但如施药后遇持续性低温多雨，对棉花的选择性则降低。

②非选择性除草剂或灭生性除草剂　对植物的伤害无选择性，草苗不分，“见绿就杀”，能同时杀死杂草和作物，通常把这种特性称为灭生性，具有这种特性的除草剂称为灭生性除草剂。例如草甘膦、草铵膦。再如前面所述的增加莠去津用量杀死灌木，这时的莠去津就成了灭生性除草剂。

（4）根据在植物体内的传导方式，可将除草剂分为内吸性除草剂和触杀性除草剂 2 类。

①内吸性除草剂　除草剂有效成分被植物吸收后，能够在其体内传导，药剂能到达未着药部位，甚至传遍全株，从而造成植株死亡，这种特性称为内吸性，具有这种特性的除草剂叫内吸性除草剂或内吸传导型除草剂。如草甘膦可以由杂草茎叶吸收，经传导到达其余部位，甚至到达根部，而使杂草彻底死亡。

②触杀性除草剂　除草剂有效成分喷施到植株表面，只能杀死直接接触到药剂的那部分植物组织，不能影响其他未接触的地方，不能内吸传导，这种特性称为触杀性，具有这种特性的除草剂叫触杀性除草剂。如乙羧氟草醚，登记用于防除大豆田、花生田一年生阔叶杂草，喷施后，遇到气温过高或在作物上局部触药过多时，作物会产生不同程度的灼伤斑，由于不具有内吸传导作用，经过 10～15 天的恢复期后，作物会得到完全恢复，不造成减产。

触杀性除草剂只能杀死杂草的地上部分，对杂草地下部分或有地下繁殖器官的多年生杂草效果很差，如敌草快。有的除草剂既可触杀又可内吸，但会有一种方式是主要作用方式，例如草铵膦虽然有一定的内吸性，但是不会伤及作物的根系，在应用中以触杀叶片为主。

触杀性造成的是外伤，药效表现迅速，但是当喷雾不匀时杂草会死而复生；传导性造成的是内伤，药效表现相对慢一些，但杂草所受的伤害不易恢复。

（5）根据施药对象和施药方法，可将除草剂分为土壤处理剂和茎叶处理剂 2 类。

①土壤处理剂　将除草剂用喷雾的方法施到土壤表层或通过混土操作把除草剂拌入土壤中一定深度，形成一个除草剂封闭层，在杂草萌发穿过封闭层的过程中使杂草受害，抑制其生长或致其死亡，采取这种施药方法的除草剂称为土壤处理剂。如二甲戊灵、氟乐灵、氟啶草酮等。

②茎叶处理剂　杂草出苗后，将除草剂喷洒或涂抹到杂草茎叶，利用药剂的触杀或内吸传导达到作用部位，使杂草受害，采取这种施药方法的除草剂称为茎叶处理剂。如高效

氟吡甲禾灵、精喹禾灵等。

很多除草剂既可作为土壤处理剂也可作为茎叶处理剂，如莠去津在玉米田除草，扑草净在棉田和大豆田、花生田除草，有土壤处理和茎叶（定向）喷雾 2 种施药方式。仲丁灵在棉田、花生田和西瓜田土壤喷雾处理防除一年生禾本科杂草及部分阔叶杂草，在大豆田可采用茎叶喷雾方式防除菟丝子。

（6）根据使用时间，可将除草剂分为以下 3 类。

①播前处理剂指在作物播种前对土壤进行封闭处理的药剂，如氟乐灵、二甲戊灵、氟啶草酮、乙草胺、丙炔氟草胺等。这种处理方式是在作物播前把除草剂喷洒到土壤，以便为杂草幼根、幼芽所吸收，一般通过混土等措施防止或减少除草剂的挥发和光解损失。

②播后苗前处理剂指在作物播种后出苗前进行土壤处理的药剂。这种处理方式主要用于杂草幼根、芽鞘和幼叶吸收向生长点传导的选择性除草剂，如乙草胺、莠去津和丙炔氟草胺等。

③苗后处理剂指在杂草出苗后，直接喷洒到杂草植株上的药剂。这种施药方式既包括了选择性茎叶处理剂，如精噁唑禾草灵、氟磺胺草醚、灭草松等，也包括灭生性茎叶处理剂，如草甘膦、草铵膦等，在免耕作物播种前灭生性除草或作物生长期行间定向喷雾。

（7）根据作用方式，可将除草剂分为光合作用抑制剂、呼吸作用抑制剂、脂肪酸合成抑制剂、氨基酸合成抑制剂、微管束形成抑制剂、生长素干扰剂等。

（8）根据有效成分的化学结构，可将除草剂分为：二苯醚类除草剂，如乙氧氟草醚、氟磺胺草醚；均三氮苯类除草剂，如扑草净、莠去津；取代脲类除草剂，如敌草隆、伏草隆；苯氧羧酸类除草剂，如 2 甲 4 氯；二硝基苯胺类除草剂，如氟乐灵、二甲戊灵、仲丁灵；酰胺类除草剂，如甲草胺、乙草胺、异丙甲草胺；有机磷类除草剂，如草甘膦、草铵膦；酚类除草剂，如五氯酚钠；苯甲酸类除草剂，如麦草畏；氨基甲酸酯类除草剂，如甜菜宁；杂环类除草剂，如苯达松、氯氟吡氧乙酸、噁草酮；磺酰脲类除草剂，如苯磺隆等；芳氧苯氧丙酸类除草剂，如精噁唑禾草灵；环己烯酮类除草剂，如烯禾啶；N- 苯基肽亚胺类除草剂，如丙炔氟草胺；联吡啶类除草剂，如敌草快；吡咯烷酮类除草剂，如氟啶草酮、氟咯草酮等。按化学结构分类更能较全面反映除草剂在品种间的本质区别，以避免因同类除草剂的作用机理相同或相近，防除对象也相似造成的混淆或重叠现象。

（二）除草剂的吸收与传导

除草剂必须经植物体吸收后才能发挥作用，因使用方法及除草剂本身的特性不同，除草剂进入植物体内及在植物体内的传导方式各异，掌握除草剂的吸收和传导特性有助于正确使用除草剂，提高除草效果。

1. 除草剂的吸收

不同除草剂对不同植物（杂草）和植物（杂草）不同生育阶段的活性大小，除受生理生化作用影响外，植物（杂草）吸收药量的多少起到相当重要的作用。

（1）土壤处理除草剂的吸收　一是通过根吸收。根是土壤处理除草剂的主要吸收部位。溶解在水中的除草剂接触到根表面时，被根系连同水一起吸收。吸收过程是被动的，即简单的扩散现象。根细胞吸收除草剂的速度与除草剂的脂溶性呈正相关。也有部分土壤除草剂极少从根部吸收，如乙氧氟草醚。已经老化而为木栓质所覆被的根难以吸收除草剂。二是被幼芽吸收。植物种子萌发后，双子叶植物的下胚轴（子叶以下的茎）或单子叶植物以及子叶不出土的双子叶植物的上胚轴是最容易经表皮吸收除草剂的部分，因此，大多土壤处理除草剂在种子萌发后发挥除草作用。出土的幼芽吸收除草剂的能力因植物的种类和除草剂品种不同而异，一般来说，禾本科杂草的幼芽对除草剂较敏感。二硝基苯胺类（如二甲戊灵）、酰胺类（如乙草胺）、均三氮苯类（如扑草净）等除草剂均可通过未出土的幼芽吸收。此外，一些杂草的种子对除草剂也有吸收作用。

了解杂草和作物的根或芽对某种除草剂的吸收能帮助我们有效、安全地使用该种除草剂。如乙氧氟草醚、丙炔氟草胺土壤处理以芽吸收为主，只有将其使用在杂草芽所处的土层，才可达到最大的除草作用。

（2）茎叶处理除草剂的吸收　一是通过角质层吸收。所有植株地上部表皮细胞外覆盖着角质层，其主要功能是防止植物水分损失，同时，角质层也是外源物质渗入和微生物入侵的有效屏障。大多数情况下，除草剂通过叶片的角质层进入。对于同种植物来说，角质层的厚度与除草剂的穿透量呈负相关，角质层越厚，除草剂越难穿过，因此植物的老叶吸收除草剂的量要小于嫩叶。角质层外被覆一层蜡质，蜡质影响药液在叶片的湿润性和药剂的穿透量，从而影响除草剂穿透角质层的能力，也因此，茎叶除草剂活性能否充分发挥往往取决于雾滴在杂草叶表面的黏着、展布、湿润、渗透与传导。在除草剂药液中加入适量的植物油助剂能促进雾滴在植物体表面的黏着与展布，溶解叶表皮蜡质而增大除草剂的穿透量，显著提高除草剂活性，提高药效。二是经由气孔吸收。一般来说，气孔对除草剂的吸收不很重要。气孔对除草剂吸收的主要限制因子是药液的表面张力。药液穿透气孔，表面张力需小于 30 mN/m^2，但大多数除草剂药液的表面张力在 30～35 mN/m^2，因此很难通过气孔渗入。有机硅助剂可使药液的表面张力迅速而显著降低，并促进气孔吸收。

2. 除草剂的传导

多数除草剂在植物体内的吸收部位与其作用部位不一致，也就是除草剂被植物根、叶吸收后，必须在植物体内移动，到达作用部位才能发挥除草效能。从吸收部位到作用部位的距离有短有长，如敌草快不需要远距离移动，主要进入含有叶绿体的细胞就能发挥活性。但很多除草剂需要长距离的传导才能更有效地杀灭杂草，如敌草隆土壤处理，吸收部位是植物的根部，但其作用点是在地上部绿色组织中的叶绿体内；草甘膦经叶面处理后也只有传导到地下的根或根茎中才可发挥它对多年生杂草的防治效果，如果长距离传导的除草剂量不够，则杂草不能完全被杀死，只部分枯死或生长受到抑制，杂草很快可恢复生长，因此，为有效防除难防多年生杂草，应分次低量喷施除草剂，以免一次大量喷施伤害叶片而不利于除草剂的传导，从而降低对地下部的杀伤作用。除草剂在植物体内的传导方式，有木质部传导型、韧皮部传导型和木质部–韧皮部双向传导型。环境因素可影响除草剂的传导能力，如随木质导管向上传导的除草剂，在高温、大风、叶面水分蒸发量大的条件下，向上传导量也越大。但是决定传导性大小的主要因素还是除草剂本身，如氟乐灵不能在植物体内传导，2 甲 4 氯类能在植物体内上下传导，草甘膦则是很好地向下传导的除草剂。

（三）除草剂的杀草原理

植物发芽生根、长叶开花、结果繁殖，是植物体内一系列生理生化作用过程协调统一的外部表现，当除草剂作用于植物后，使某个或几个生理环节受到干扰和破坏，其生理生化过程发生混乱，生长发育受到抑制，失去平衡而最后死亡。多数除草剂的杀草作用并非只限于一种，而往往是几种共同作用的结果。

1. 抑制光合作用

光合作用是绿色植物赖以生存的基础，是绿色植物的叶绿素吸收光能，把二氧化碳和水转变成碳水化合物等生命活动必需的有机营养物质，同时放出氧气的复杂过程。除草剂通过对光合作用的抑制，使叶片缺绿，妨碍植物制造养料，导致植物得不到营养而“饥饿”死亡（图 4-1）。抑制光合作用的除草剂很多，如扑草净、敌草隆、敌草快等。

图 4-1　抑制光合作用，使植物叶片失绿

2. 干扰呼吸作用和能量代谢

植物的能量代谢有 2 个不可分割的过程：一是通过光合作用制造和贮备能量；二是通过呼吸作用释放能量，供植物生长发育所用。许多除草剂能搅乱或中断植物呼吸过程中的氧化磷酸化过程，使植物体内各种生理、生化过程无法进行，植物终因正常的代谢受到破坏而死亡。

3. 扰乱植物的激素平衡

植物体内含有多种植物激素，它们在植物体内不同组织中的含量比例都有严格的要求。激素型除草剂进入植物体后，会打破原有植物激素的平衡，严重影响植物的生长发育，由于不同器官对药剂的敏感程度及积累药量的不同，受害植物常出现刺激与抑制同时存在的症状，产生扭曲、畸形。

4. 抑制脂肪酸、氨基酸及蛋白质的合成

脂类是植物细胞膜的重要组成部分，而氨基酸是植物生长不可缺少的物质，除草剂通过抑制二者的合成，导致植物畸形或抑制生长，甚至死亡。例如乙草胺、草甘膦、草铵膦等。

5. 影响细胞分裂

植物细胞的骨架主要是由微管和微丝组成的，它们保持细胞形态，在细胞分裂、生长和形态发生中起着重要的作用。大量研究明确了很多除草剂直接干扰有丝分裂纺锤体，使微管的机能发生障碍或抑制微管的形成。如二甲戊灵、氟乐灵等二硝基苯胺类除草剂抑制植物细胞微管蛋白的形成，导致纺锤体微管不能形成，正常的细胞分裂受到影响，形成多核细胞、肿根，植物幼芽、幼根不能生长，从而达到除草的目的。

6. 影响光合色素及相关组分的合成和代谢

这类除草剂主要干扰植物光合色素如叶绿素或类胡萝卜素的生物合成，如噁草酮、乙氧氟草醚、丙炔氟草胺抑制叶绿素生物合成；氟啶草酮、氟咯草酮抑制类胡萝卜素生物合成，使用后的典型症状是植物白化至半透明，最终死亡（图 4-2）。

图 4-2　抑制类胡萝卜素生物合成，杂草见光白化死亡

了解除草剂的杀草原理，有助于正确判断药效与诊断药害，如扑草净是一种选择性内吸、传导性除草剂，可从植物根部吸收，也可从茎叶渗入体内，运输至叶片抑制植物光合作用，受害植物失绿（最先导致叶肉组织失绿、黄化），逐渐干枯死亡。又如 2，4- 滴类、2 甲 4 氯等都是人工合成的具有天然植物激素作用的物质，药液喷施到植物茎叶表面后，穿过角质层和细胞质膜，最后传导到各部分，在不同部位对核酸和蛋白质的合成产生不同影响，在植物顶端抑制核酸代谢和蛋白质的合成，使生长点停止生长，幼嫩叶片不能伸展，抑制光合作用的正常进行，传导到植株下部的药剂，使植物茎部组织的核酸和蛋白质的合成增加，促进细胞异常分裂，根尖膨大，丧失吸收能力，茎秆扭曲、畸形，筛管堵塞、韧皮部破坏，有机物运输受阻，从而破坏植物正常的生活能力，最终导致植物死亡。

（四）除草剂的选择性原理

农田使用的除草剂，必须具备 2 个先决条件：一是杀草效果好，二是具有选择性，对作物安全。除草剂的选择性是指除草剂在一定剂量下，杀灭某些植物，而对另一些植物无明显的影响。常用选择性指数来表示。

$$\text{选择性指数} = \frac{\text{对植物 A 的有效中剂量（}ED_{50}\text{）}}{\text{对植物 B 的有效中剂量（}ED_{50}\text{）}}$$

在评价除草剂对作物和杂草间的选择性时，常用如下方法计算：

$$\text{选择性指数} = \frac{\text{对作物 10\% 植株的有效剂量（}ED_{10}\text{）}}{\text{对杂草 90\% 植株的有效剂量（}ED_{90}\text{）}}$$

除草剂的选择性指数越高，对作物的安全性越高。造成选择性的原因是多种的，如植物形态差异、除草剂在不同植物体内生理生化反应的不同、“位差”与“时差”选择、环境因子等。通常除草剂选择性并非由一种因素决定，而是多种不同因素共同作用的结果，了解化学除草的选择性，有助于提高除草效果和对作物的安全性。

1. 形态选择性

植物由于形态的差异及生长点位置、叶片形状、表皮结构、叶片直立程度等的差异导致对药剂附着或吸收量的不同而产生的选择性，称为形态选择性。例如，禾本科作物的叶片向上生长，狭窄挺拔，与主茎的夹角小，叶表面具有一层蜡质，或叶片呈波状，叶脊很少，当喷洒除草剂药液后，雾滴不易展布，大部分滚落于地下，且其生长点位于植株的基部，有多重叶鞘包围，不直接接触药剂。而双子叶阔叶杂草，如藜、反枝苋、苍耳、龙葵等叶片宽大平展，与主茎的夹角大，喷洒除草剂药液后，雾滴不易滚落而展布在叶片表面，且生长点裸露在植株顶端和叶腋间，容易直接接触药剂（图 4-3）。因此，在玉米田、小麦田喷洒 2 甲 4 氯除草剂，可有效杀死阔叶杂草，而对玉米、小麦安全，这与植物的形态不同有重要关系。

图 4-3　禾本科植物和阔叶植物在形态上的差异

2. 生化选择性

除草剂在植物体内生物化学反应的差异，称为生化选择性。

（1）活化选择　有些除草剂本身对植物无毒害或毒害作用较小，但经植物体内的代谢，就会成为有毒物质。这类除草剂的毒性强弱，主要取决于植物转变药剂的能力，即转变能力强的将被杀死，而转变能力弱的则得以生存。例如2甲4氯丁酸本身对植物并无毒性，但经植物体内 β-氧化酶系的催化而发生 β-氧化反应，生成杀草活性强的2甲4氯。由于不同植物体内所含 β-氧化酶量不同，转化2甲4氯丁酸的能力也就不同。苜蓿中 β-氧化酶活性很低，因而不易生成2甲4氯，相对安全，一些阔叶杂草如藜、蓟等该酶活性很高，因而易被杀死。

（2）钝化选择　除草剂本身虽然对植物有毒害，但其有毒物质经植物体内酶或其他物质的作用，被钝化转变成无毒物质而失去活性。由于药剂在不同植物中的代谢钝化反应速度与反应程度各不相同，就产生了选择性。通俗地说，就是利用除草剂在植物体内解毒程度的不同而达到除草保苗的目的。例如，水稻和稗在外部形态和生物特性上都很相似，用敌稗防除稻田杂草，主要是水稻体内含有较高含量的芳酰胺水解酶，能迅速地将敌稗转化成无毒物质而失去活性，但稗等杂草体内含有的这种水解酶量很少，所以敌稗能选择性地杀死稗而不影响水稻。

3. 生理选择性

植物茎叶或根系对除草剂吸收与传导的差异而产生的选择性，称生理选择性。植物易吸收与传导某种除草剂，则对其表现敏感，反之则有耐药性。例如，氟啶草酮是一种高选择性的内吸传导型除草剂，敏感杂草如龙葵通过根部吸收氟啶草酮后传导到叶片，出苗后见光白化死亡，而棉花植株根部虽然能少量吸收氟啶草酮，但不向上传导，因而对棉花安全（图4-4）。

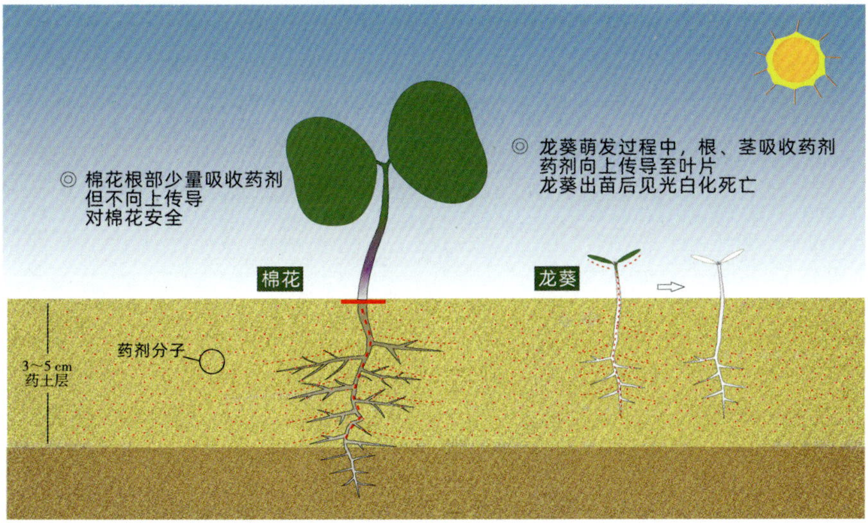

图 4-4　棉花、龙葵对氟啶草酮的传导差异

4. 生态选择性

（1）位差选择　除草剂对作物有毒害，但可利用它在土壤中位置的差异，获得选择性。如播前土壤处理，除草剂可被表土吸附形成药层杀死杂草，而不伤害药层下面的种子（图 4-5），这就是“位差”的保护作用。在作物生育期采用定向喷雾法或使用防护设备，使药液接触不到作物或仅喷到非要害的基部，如棉田用草甘膦定向喷雾防除杂草等也是利用“位差”的保护作用。

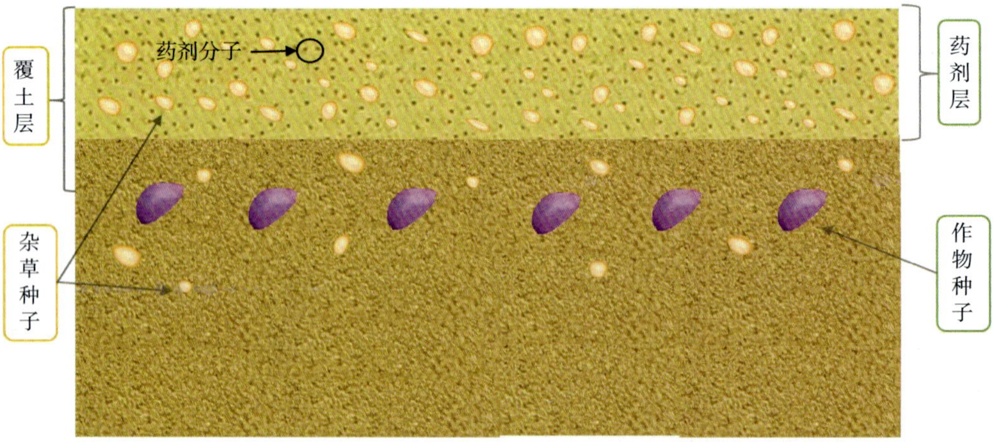

图 4-5　作物种子和药剂处理层的位差

新疆棉田杂草防除主要采用播前除草剂土壤封闭处理，药土层厚度一般在 3～5 cm，而棉花的播种深度，正封土播种方式在 1.5 cm，覆土深度在 1.5 cm 左右，棉种刚好位于药土层之中，没有了“位差”的保护作用，发生药害的风险增大。相比之下，侧封土播种方式播深虽然也在 2～2.5 cm，但因未覆土，所以相对安全。这也提醒我们，正封土播种方式下，要选用对棉花安全性更高的除草剂（除草剂本身对棉花就有一定的选择性）；另外要高度重视棉种质量，选用籽粒饱满、发芽率高、发芽势强的优质合格棉种，快速出苗，减少与药剂的接触时间，降低药害发生风险。

（2）时差选择　除草剂对作物有较强毒性，利用施药时间的不同进行安全有效地除草，称时差选择性。如在作物播种前施药，把杂草杀死，待药性分解后，再进行播种或移栽。又如，植物不同生育阶段对除草剂的敏感性不同，随水滴施丙炔氟草胺防除棉花苗后龙葵要待棉花 4 叶之后，定向茎叶喷雾防除田旋花要在棉花现蕾后、株高 30 cm 以上相对安全，这种施药时间上的变动，就是利用了“时差”的保护作用。

综上所述，化学除草剂的选择性是多方面的，但这些选择性仅在一定的使用条件下对作物安全，失去科学的条件也会变成不安全，选择性除草剂就会成为非选择性除草剂，如棉花播前土壤处理剂的选择性会受到环境条件的影响，施药后如遇持续低温多雨天气过程，棉花出土慢，增加了接触除草剂的时间，加之低温情况下，棉花解毒能力弱，就易出现药害。所以在应用中，必须根据除草剂的类型、特性、杀草原理、作物种类、土壤类型、环境条件以及杂草的种类和生物学特点，严格制定、掌握使用技术，合理运用，达到灭草保苗增产的目的，否则，因药剂选择、施药时期、方法、用量不当，也往往造成药害或效果不好，必须特别注意。

（五）杂草抗药性

1. 杂草抗药性的概念

某种除草剂原来防治某种杂草的效果很好，但使用几年后，继续使用原来的推荐剂量所取得的除草效果却不断下降，甚至成倍地增加除草剂的使用剂量，也不能够取得很好的防治效果，这种现象就称为杂草的抗药性。出现抗药性即表明这种杂草有了抵抗这种除草剂的能力，直观上的感觉就是药量越用越大，但防效却越来越差。

2. 杂草产生抗药性的原因

自然界存在着对除草剂产生抗药性的突变体（抗性个体），也就是说，原来能被某种除草剂杀死，现在由于基因突变、代谢改变或其他原因，有的杂草植株不能被杀死了，当重复使用一种除草剂或杀草机理相同的不同除草剂，没有抗药性的杂草（敏感个体）被不断杀死，而为数极少的抗药性个体则得以存活并不断产生种子繁殖后代，使种群中抗药性个体数量不断增加。经过数年的筛选，种群中抗药性生物型逐渐成为主体，敏感杂草种群演变为抗药性杂草种群。这样年复一年地使用同种除草剂称为除草剂的选择压，因此，除草剂的选择压是抗药性杂草种群形成的主要原因。一般情况下，除草剂的选择压与杂草抗药性的发展速度呈正相关，选择压高，抗性产生快。

3. 抗药性杂草的危害

随着抗药性杂草种群密度和发生面积的增加，杂草防除效果显著降低，作物产量损失随之增加。当杂草抗药性水平较低时，该杂草种群仍处于可控状态，其对作物生长的影响也较小，仅造成一定的产量损失。随着杂草抗药性水平的升高，杂草种群和抗药性杂草密度加大，相应除草剂的防效明显下降，作物产量损失也不断加大，以致造成 5%～10%，甚至 20%～50% 的产量损失。待抗药性杂草种群密度超过 50% 时，相应除草剂基本失效，作物产量损失率可高达 50%～90%。而且，当杂草抗药性出现时，农民会连年增加这种除草剂的用量，试图获得理想防效，但实际却事与愿违，每次施药后，抗性个体呈指数增长，不仅达不到应有的防治效果，超量使用还加大了农作物药害风险和环境污染风险。

4. 抗药性杂草的治理

（1）除草剂交替和轮换使用　除草剂的合理交替轮换使用是预防和延缓杂草抗药性的一项主要方法。如前所述，每种除草剂有其独特的杀草机理，连年使用同一杀草机理的除草剂，杂草抗药性会迅速发展，而如果改用另外一种杀草机理的除草剂，抗药性杂草就会被有效杀除。所以，与除草剂年复一年单一使用相比，交替和轮换使用不同杀草机理的除草剂，不但能够有效防治已有的抗药性杂草，对整个田间杂草群体延缓抗药性发生也有很好的作用。

（2）除草剂混用　除草剂的合理混用是延缓、预防杂草抗药性的重要手段。具有不同杀草机理的除草剂按一定的比例混配使用可明显降低抗药性杂草的发生频率，同时还能扩大杀草谱、增强药效、减少用药量、降低成本。

（3）提高施药质量　施药器械跑冒滴漏、施药作业不规范带来的用药不均匀易导致田间杂草对药剂的敏感度出现差异，增加杂草抗药性产生的风险，因此应严格规范施药技术，提高喷雾质量，降低杂草抗药性风险。

（4）实施多种除草措施　协调运用整地、中耕、翻耕、人工拔草等物理机械措施降低田间杂草密度，以减少化学除草剂的使用量或次数，达到事半功倍的效果。或通过种植结构调整，实施作物轮作，实现轮换使用不同作用机理的除草剂，从而预防杂草抗药性产生。

（5）加强田间调查监测　明确田间草相，为探明杂草种类变化提供依据；同时通过田间调查监测，掌握防控效果，及时发现疑似抗药性个体，为及时治理提供科学依据。

二、棉田除草剂介绍

1. 二甲戊灵（pendimethalin）

【杀草机理、作用特点】二硝基苯胺类选择性芽前土壤处理除草剂。杂草种子在发芽穿过土层的过程中吸收药剂，抑制分生组织细胞分裂从而使杂草死亡。阔叶杂草吸收部位为下胚轴，禾本科杂草吸收部位为幼芽。该药不影响杂草种子的萌发，而是在杂草种子萌发过程中幼芽、茎和根吸收药剂后起作用，其受害症状是幼芽和次生根被抑制。

【防治对象】一年生禾本科杂草和部分小粒种子的阔叶杂草，如稗、狗尾草、藜、反枝苋等，对龙葵、苘麻、苍耳及多年生杂草防效差。生产中为提高防除效果，扩大杀草谱，常与防治阔叶杂草特效的除草剂混用。

【应用技术】棉花播前土壤处理，每亩使用 33% 二甲戊灵乳油 150～200 mL，兑水 40～60 L 均匀喷雾。施药后浅混土 3～5 cm。

【注意事项】①良好的土壤墒情是保证该药发挥药效的关键，施药时土壤干旱可增加兑水量；②该药对禾本科杂草的防效优于阔叶杂草，因而在阔叶杂草尤其龙葵较多的地块，需考虑同其他除草剂混用；③本品对鱼有毒，用药后清洗药械时应防止药剂污染水源。

【主要制剂】33% 乳油、330 g/L 乳油、40% 悬浮剂、450 g/L 微囊悬浮剂。

【生产企业】山东华阳农药化工集团有限公司、迈克斯（如东）化工有限公司、新疆锦华农药有限公司、山东滨农科技有限公司、江苏龙灯化学有限公司、山东胜邦绿野化学有限公司、巴斯夫欧洲公司、南京高正农用化工有限公司等。

2. 氟乐灵（trifluralin）

【杀草机理、作用特点】二硝基苯胺类选择性芽前土壤处理除草剂。杂草萌发穿过药土层时，被禾本科杂草的幼芽、幼根和阔叶杂草的下胚轴、子叶吸收，使细胞停止分裂，根尖分生组织细胞变小，皮层薄壁组织的细胞增大，细胞壁变厚，由于细胞中的液胞增大，使细胞产生畸形，禾本科杂草呈“鹅头”状根茎，阔叶杂草下胚轴变粗变短、脆而易折。除草效果比较稳定，药剂在土壤中挥发的气体也起到重要的杀草作用，因而可适应于较干旱的土壤条件下使用。

【防治对象】稗、狗尾草、马唐、牛筋草、千金子、碱茅及部分小粒种子的阔叶杂草如反枝苋、藜等。对苘麻、苍耳及多年生杂草防效差。

【应用技术】棉花播前土壤处理，每亩用48%氟乐灵乳油100～150 mL，兑水40～60 L均匀喷雾，施药后立即混土。

【注意事项】①易挥发和光解，高温会加快其分解速度，施药后需尽快混土，混土深度为3～5 cm；②贮存时避免阳光直射，不要靠近火和热源，在4 ℃以上阴凉处保存；③下茬作物不宜种高粱、谷子等敏感作物。

【主要制剂】48%乳油、480 g/L乳油。

【生产企业】安道麦辉丰（江苏）有限公司、青岛瀚生生物科技股份有限公司、山东胜邦绿野化学有限公司、江西盾牌化工有限责任公司、山东滨农科技有限公司、黑龙江省佳木斯市恺乐农药有限公司等。

3. 仲丁灵（butralin）

【杀草机理、作用特点】二硝基苯胺类选择性芽前土壤处理除草剂，触杀兼局部内吸性。药剂通过萌发杂草种子的下胚轴、子叶、幼根、幼芽进入植物体内后，主要抑制分生组织细胞分裂，抑制杂草幼芽及幼根生长，导致植物倒伏、扭曲、生长停滞而死亡。

【防治对象】一年生禾本科杂草和部分阔叶杂草，如稗、狗尾草、反枝苋、藜等，对苘麻、龙葵、苍耳及多年生杂草防效差。为提高防除效果，扩大杀草谱，可与防治阔叶杂草特效的除草剂混用。

【应用技术】棉花播前土壤处理，每亩用48%仲丁灵乳油200～250 mL，兑水40～60 L均匀喷雾。

【注意事项】①易挥发和光解，施药后要及时混土；②只能做土壤处理，杂草出苗后使用效果差；③地表温度低于10 ℃以下使用时会影响除草效果。

【主要制剂】48%乳油、30%水乳剂、36%悬浮剂。

【生产企业】江西盾牌化工有限责任公司、张掖市大弓农化有限公司、侨昌现代农业有限公司等。

4. 氟啶草酮（fluridone）

【杀草机理、作用特点】吡咯烷酮类选择性、内吸传导型土壤处理除草剂。由敏感植物的根部吸收并传导至叶片，通过抑制番茄红素脱氢酶，减少类胡萝卜素生物合成，使叶绿素损耗，抑制光合作用，杂草逐渐白化死亡。棉花植株根部虽然少量吸收该药剂，但不向上传导，因此对棉花安全。

【防治对象】一年生杂草，对阔叶杂草的防效优于对禾本科杂草的防效。通常与二甲戊灵搭配，能够有效防除棉田恶性杂草龙葵、灰绿藜、藜等一年生阔叶杂草和稗等一年生禾本科杂草，对次生榆树苗有较好防效，对根系分布在浅土层的扁秆荆三棱和芦苇也有一定的兼治作用。持效期70天左右，对棉花出苗和生长安全。

【应用技术】棉花播前土壤处理，每亩使用42%氟啶草酮悬浮剂30～40 mL + 33%二甲戊灵乳油150～200 mL，兑水不少于60 L均匀喷雾。施药后浅混土3～5 cm。为扩大杀草谱，生产中与二甲戊灵桶混使用。

【注意事项】①仅限于西北内陆棉区使用，棉花以外的作物禁用；②氟啶草酮在土壤中的残留期较长，对后茬轮作作物存在一定的潜在药害风险，若后茬计划种植茄果类蔬菜的棉田以及沙质土、高盐碱土棉田计划后茬种植粮油作物的不可选用本品；③干旱、土壤墒情差以及低温和寡照均会影响药效。

【主要制剂】42% 悬浮剂。

【生产企业】迈克斯（如东）化工有限公司。

5. 扑草净（prometryn）

【杀草机理、作用特点】均三氮苯类选择性除草剂。具有内吸传导作用，可从植物根部吸收，也可从茎叶渗入体内，运输至叶片抑制光合作用，致使杂草失绿干枯死亡。虽能被叶片吸收，但不向下传导。

【防治对象】一年生杂草，如稗、狗尾草、马唐、反枝苋、蓼、藜、马齿苋等，对阔叶杂草的防效好于对禾本科杂草。对伞形花科及部分豆科杂草防效较差。播前土壤处理时，为了扩大杀草谱，与二硝基苯胺类除草剂混用。

【应用技术】棉花播前土壤处理，每亩使用 50% 扑草净可湿性粉剂 100～150 g+33% 二甲戊灵乳油 150～200 mL，兑水 40～60 L 均匀喷雾。施药后浅混土 3～5 cm。

【注意事项】①土壤墒情对药效的影响较大。土壤干燥时施药，药剂被土表的土壤颗粒吸附，不能分布到杂草的根层，除草效果不理想；②有机质含量低的沙质土、盐碱土容易产生药害，不宜使用；③气温 35 ℃以上不宜施药。

【主要制剂】50% 可湿性粉剂、50% 悬浮剂、40% 可湿性粉剂。

【生产企业】山东胜邦绿野化学有限公司、山东滨农科技有限公司、浙江天丰生物科学有限公司。

6. 乙氧氟草醚（oxyfluorfen）

【杀草机理、作用特点】二苯醚类选择性除草剂、触杀型除草剂，原卟啉原氧化酶抑制剂，主要通过萌发杂草的胚芽鞘、中胚轴吸收，经根部吸收很少。只有在光下才能产生除草作用，杂草吸收药剂的部位组织坏死后死亡。

【防治对象】一年生杂草，如稗、狗尾草、龙葵、马齿苋、灰藜、反枝苋、牛筋草、曼陀罗、豚草、苘麻等。其中，对阔叶杂草的防效优于禾本科杂草，对多年生杂草具有抑制作用。播前土壤处理时，为了扩大杀草谱，与二硝基苯胺类除草剂混用。

【应用技术】棉花播前土壤处理，每亩使用 24% 乙氧氟草醚乳油 40～60 mL + 33% 二甲戊灵乳油 150～200 mL，兑水 50～60 L 均匀喷雾。施药后浅混土 1～3 cm。

【注意事项】①乙氧氟草醚在土壤中的垂直分布对其除草效果影响很大，因其经根部吸收很少，只有施于杂草种子之上的土层时，才会发挥显著药效，生产中若药后混土应避免过深；②干旱、土壤墒情差影响药效；③施药超量、遇高温、高湿，覆膜棉花易产生药害；④不宜在有机质含量低的沙土地用药；⑤棉苗出土后不能使用该药，尤其是药后遇雨，极易产生药害。

【主要制剂】24% 乳油。

【生产企业】浙江兰溪巨化氟化学有限公司。

7. 丙炔氟草胺（flumioxazin）

【杀草机理、作用特点】N-苯基肽亚胺类选择性、触杀型除草剂。作用靶标是原卟啉原氧化酶，抑制叶绿素的合成。可被植物的幼芽和叶片吸收，叶片吸收时不向下传导。除草活性高，用量极低，快速降解，对环境安全。土壤处理后，敏感杂草的芽坏死，在短暂的日光照射后死亡；茎叶处理后，可在植物体内进行传导，使敏感杂草迅速凋萎、枯死，阳光可加速杂草死亡。

【防治对象】一年生杂草，如龙葵、藜属杂草、反枝苋、苍耳、马齿苋、萹蓄、马唐、牛筋草、苘麻、柳叶刺蓼、酸模叶蓼、稗、狗尾草、金狗尾草等，其中，对阔叶杂草的防效优于禾本科杂草，对多年生杂草苣荬菜有一定的抑制作用，对榆树苗防效差。为了扩大杀草谱，降低药害风险，生产中常与二甲戊灵、氟啶草酮等混用或组合使用。

【应用技术】棉花播前土壤处理，每亩使用50%丙炔氟草胺可湿性粉剂6～12 g + 33%二甲戊灵乳油150～200 mL，兑水不少于60 L均匀喷雾。施药后浅混土3～5 cm。

【注意事项】①棉花拱土期至幼苗期（2片真叶前）如遇暴雨、连续降雨降温或异常高温天气易发生药害，药害轻重与播种封土模式有关，正封土＞侧封土；②严禁超剂量使用，重喷、漏喷会加重药害风险及药害严重程度；③干旱、土壤墒情差影响药效。

【主要制剂】50%可湿性粉剂、480 g/L悬浮剂、48%悬浮剂。

【生产企业】日本住友化学株式会社、浙江天丰生物科学有限公司、山东滨农科技有限公司、四川利尔作物科学有限公司等。

8. 乙草胺（acetochlor）

【杀草机理、作用特点】酰胺类选择性土壤处理除草剂。主要通过杂草的幼芽及幼根吸收，抑制杂草蛋白质合成，使杂草幼芽、幼根生长停止，进而整株枯死。

【防治对象】一年生禾本科杂草及部分小粒种子的阔叶杂草，如稗、狗尾草、牛筋草、反枝苋、藜、马齿苋等，对禾本科杂草的防除效果优于阔叶杂草。

【应用技术】棉花播前土壤处理，每亩用900 g/L乙草胺乳油60～90 mL，兑水40～60 L均匀喷雾。施药后浅混土3～5 cm。

【注意事项】①滴水出苗棉田不可选用乙草胺播前土壤处理，药害风险极大；②乙草胺活性高，用药量不宜随意增大，尤其是地膜棉田，如果土壤湿度过大，膜下温度高，易产生药害，建议采用下限药量；③用药后多雨、土壤湿度大或田间排水不良易造成棉花药害。

【主要制剂】900 g/L乳油、50%乳油、81.5%乳油。

【生产企业】拜耳股份公司、山东滨农科技有限公司、山东麒麟农化有限公司、山东润麒生物科技有限公司等。

9. 敌草隆（diuron）

【杀草机理、作用特点】取代脲类内吸传导型除草剂，具有一定的触杀作用，可被植物的根和茎叶吸收，以根系吸收为主，杂草吸收药剂后，传导到地上部茎叶，抑制光合作用，致使叶片失绿。先从叶尖和叶缘褪色，进而发黄枯死。

【防治对象】一年生禾本科杂草和某些阔叶杂草，如稗、马唐、狗尾草、牛筋草、反枝苋、蓼、藜、龙葵等，对阔叶杂草的活性高于对禾本科杂草的活性，对多年生杂草狗牙根、芦苇、刺儿菜、扁秆荆三棱等也有一定的防除作用。高剂量情况下可作为灭生性除草剂。

【应用技术】棉花播前土壤处理，每亩用40%敌草隆悬浮剂125～150 mL，兑水50～60 L均匀喷雾。施药后浅混土3～5 cm。

【注意事项】①高剂量下对棉花生长、根系发育有一定影响，造成棉花根肿，死苗率显著高于二甲戊灵。另外，沙质土壤慎用，以免发生药害；②敌草隆对棉叶有很强的触杀作用，棉苗出土后不宜使用；③除草效果与土壤墒情关系极大，土壤湿度小除草效果不好；④对果树及多种作物的叶片有较强的杀伤力，应避免药液飘移到作物叶片上。桃树对敌草隆敏感，使用时应注意。

【主要制剂】40%悬浮剂、50%可湿性粉剂、80%水分散粒剂、90%水分散粒剂。

【生产企业】张掖市大弓农化有限公司、菏泽遍净生物科技有限公司、宁夏新安科技有限公司等。

10. 嗯草酮（oxadiazon）

【杀草机理、作用特点】有机杂环类选择性触杀型除草剂。主要经幼芽吸收，幼苗和根也能吸收，杂草从萌芽期至2叶期对其敏感，幼芽期更敏感，随着杂草长大而效果下降，对成株杂草基本无效。药剂进入植物体后积累在生长旺盛部位，抑制原卟啉原氧化酶的活性，在光照条件下，使杂草接触药剂部位的细胞组织及叶绿素遭到破坏，幼芽、叶片枯萎死亡。

【防治对象】一年生禾本科杂草和部分阔叶杂草，如稗、反枝苋、凹头苋、藜、地锦等，对多年生杂草无效。

【应用技术】棉花播前土壤处理，每亩用120 g/L嗯草酮乳油230～260 mL，兑水50～60 L均匀喷雾。施药后浅混土3～5 cm。

【注意事项】①受春季气候影响较大，对棉花出苗生长有一定的安全风险；②干旱、土壤墒情差影响药效；③对蜜蜂、鸟类和水生生物有毒。

【主要制剂】120 g/L乳油。

【生产企业】合肥星宇化学有限责任公司。

11. 精异丙甲草胺（S-metolachlor）

【杀草机理、作用特点】酰胺类选择性除草剂。主要通过萌发杂草的芽鞘、幼芽吸收，抑制发芽种子的蛋白质合成而发挥杀草作用。敏感杂草在发芽后出土前或刚刚出土即中毒死亡，表现为芽鞘紧包着生长点，稍变粗，胚根细而弯曲，无须根，生长点逐渐变褐色、黑色腐烂死亡。

【防治对象】一年生禾本科杂草及部分阔叶杂草，如稗、马唐、牛筋草、狗尾草、马齿苋、反枝苋、藜、龙葵等，对禾本科杂草的防除效果优于阔叶杂草。

【应用技术】棉花播前土壤处理，每亩用960 g/L精异丙甲草胺乳油50～85 mL，兑水50～60 L均匀喷雾。施药后浅混土2～3 cm。

【注意事项】①用量过大、药后积水、膜下温度过高等均易造成棉花药害；②干旱、土壤墒情差影响药效。

【主要制剂】960 g/L 乳油。

【生产企业】瑞士先正达作物保护有限公司、先正达（苏州）作物保护有限公司、山东惠民中联生物科技有限公司等。

12. 高效氟吡甲禾灵（haloxyfop-R-methyl）

【杀草机理、作用特点】芳氧苯氧丙酸类选择性、内吸传导型茎叶处理除草剂。施药后能很快被禾本科杂草的叶片吸收，并传导至整个植株，通过抑制脂肪酸合成，使细胞生长分裂停止、破坏细胞膜含酯结构而杀死杂草。正常使用情况下对各种阔叶作物高度安全。

【防治对象】一年生禾本科杂草稗、狗尾草、马唐、牛筋草等和多年生杂草芦苇、狗牙根。

【应用技术】禾本科杂草 3～5 叶期，每亩用 108 g/L 高效氟吡甲禾灵乳油 20～35 mL，兑水 30 L 茎叶均匀喷雾。防除芦苇等多年生禾本科杂草时，加大用药量至每亩 60～90 mL，于杂草孕穗期将除草剂兑水 30 L 茎叶均匀喷雾。

【注意事项】①施药时要避免药液雾滴飘移到玉米、水稻、小麦等禾本科作物上，以防产生药害。与禾本科间作、套作的田块不能使用；②干旱影响药效，可桶混喷雾助剂；③本品对水生生物有毒，药液和清洗施药器械的水不能流入河流、池塘、鱼塘。

【主要制剂】108 g/L 乳油、10.8% 乳油。

【生产企业】科迪华农业科技有限责任公司、山东绿霸化工股份有限公司、安徽华星化工有限公司、四川利尔作物科学有限公司、安道麦股份有限公司、山东滨农科技有限公司等。

13. 精喹禾灵（quizalofop-P-ethyl）

【杀草机理、作用特点】芳氧苯氧丙酸类选择性、内吸传导型茎叶处理除草剂。通过杂草茎叶吸收，在植物体内向上和向下双向传导，积累在顶端及节间分生组织，抑制细胞脂肪酸合成，使杂草坏死。茎叶可在几小时内完成对药剂的吸收，一年生杂草在 24 h 内可传遍全株。

【防治对象】一年生禾本科杂草稗、狗尾草、马唐、牛筋草等，对阔叶杂草无效。

【应用技术】禾本科杂草 3～5 叶期，每亩用 5% 精喹禾灵乳油 50～80 mL，兑水 30 L 茎叶均匀喷雾。

【注意事项】①施药时要避免药液雾滴飘移到玉米、水稻、小麦等禾本科作物上，以防产生药害。与禾本科间作、套作的田块不能使用；②在高温干旱条件下，防效稍差，应使用推荐剂量的上限；③本品对水生生物有毒，药液和清洗施药器械的水不能流入河流、池塘、鱼塘；④不能与碱性农药等物质混用。

【主要制剂】50 g/L 乳油、5% 乳油、8.8% 乳油、10% 乳油、15% 乳油。

【生产企业】日产化学株式会社、中农立华（天津）农用化学品有限公司、安道麦股份有限公司、安徽华星化工有限公司、山东胜邦绿野化学有限公司、山东滨农科技有限公司、佳木斯黑龙农药有限公司、江苏丰山生化科技有限公司等。

14. 精吡氟禾草灵（fluazifop-P-butyl）

【杀草机理、作用特点】芳氧苯氧丙酸类选择性、内吸传导型茎叶处理除草剂。对禾本科杂草具有强力的杀伤作用，对棉花安全。药剂主要通过茎叶吸收，干扰 ATP（三磷酸腺苷）的产生和传递，破坏光合作用，抑制细胞分裂，阻止其生长。由于其吸收传导性强，药剂可传导到地下茎，因此对多年生禾本科杂草也有较好的防除作用。一般施药后 2～3 天杂草停止生长，7～10 天茎节及幼芽坏死，嫩叶萎缩枯死，老叶变为紫红色，15～20 天开始大量死亡。

【防治对象】一年生禾本科杂草，多年生禾本科杂草，如稗、狗尾草、芦苇、狗牙根等。

【应用技术】棉花 3～5 叶期，禾本科杂草基本出齐且多数处于 3～5 叶期，每亩用 15% 或 150 g/L 精吡氟禾草灵乳油 50～67 mL，兑水 30 L 茎叶均匀喷雾。防除芦苇、狗牙根等多年生杂草可适当提高药剂用量，于杂草孕穗期将除草剂兑水 30 L 茎叶喷雾。

【注意事项】①提高剂量防除芦苇等多年生杂草，应先进行小区试验确定最佳用量，确保对棉花的安全性；②环境相对湿度较大、温度适宜时，除草效果好。高温、低温、干旱条件下防效下降，应使用推荐剂量的上限；③与触杀型除草剂混用会影响其在杂草体内的传导而降低药效。

【主要制剂】15% 乳油、150 g/L 乳油。

【生产企业】山东滨农科技有限公司、江苏瑞邦农化股份有限公司、南京华洲药业有限公司、日本石原产业株式会社等。

15. 精噁唑禾草灵（fenoxaprop-P-ethyl）

【杀草机理、作用特点】芳氧苯氧丙酸类选择性、内吸传导型茎叶处理除草剂。对阔叶杂草无效，对棉花安全。药剂被茎叶吸收后传导到叶基、节间分生组织和根的生长点，迅速转变为芳氧基游离酸，抑制脂肪酸的生物合成，损坏杂草生长点和分生组织，药后 2～3 天杂草停止生长，3～4 天叶片失绿，成紫红色，继而地表分蘖基部腐烂、坏死，10～30 天完全死亡。

【防治对象】稗、马唐、狗尾草、看麦娘等禾本科杂草。

【应用技术】棉花苗后禾本科杂草 2～3 叶期，每亩用 69 g/L 精噁唑禾草灵水乳剂 50～70 mL，兑水 30 L 茎叶喷雾。

【注意事项】①杂草叶龄大药效差，为保证除草效果应在禾本科杂草出齐苗后尽早施药；②干旱条件下施药，在药液中加入喷雾助剂可提高除草效果；③施药 4 h 后降雨不影响药效，不必补施。

【主要制剂】69 g/L 水乳剂、6.9% 水乳剂、10% 乳油。

【生产企业】拜耳股份公司、安徽华星化工有限公司、江苏瑞邦农化股份有限公司、河北中保绿农作物科技有限公司等。

16. 苯嗪草酮（metamitron）

【杀草机理、作用特点】三嗪类选择性、内吸型除草剂。主要通过根吸收，也可通过叶片吸收，向顶部传导。通过抑制光合作用的希尔反应而起到杀草作用。

【防治对象】一年生阔叶杂草。

【应用技术】该有效成分 2022 年 10 月 9 日首次登记在棉田通过茎叶喷雾防除一年生阔叶杂草，但未见在新疆棉区相关试验示范及田间应用的数据和资料。

【主要制剂】58% 悬浮剂。

【生产企业】中土化工（安徽）有限公司。

17. 草甘膦（glyphosate）

【杀草机理、作用特点】有机磷类内吸传导型广谱灭生性除草剂。可通过植物绿色部分（茎、叶）吸收，向地下根茎传导，将杂草连根杀死。草甘膦的杀草机理和部位有多种，主要是抑制芳香氨基酸的生物合成和抑制光合作用中的光合磷酸化，其高效的杀草能力，是它多种作用的综合结果。草甘膦入土后很快与铁、铝等金属离子结合而失去活性，对土壤中潜藏的种子和土壤微生物无不良影响。

【防治对象】对一年生和多年生杂草均有效。

【应用技术】棉花茎木质化后，每亩用 41% 草甘膦异丙胺盐水剂 120～270 mL，兑水 30 L 对靶定向茎叶喷雾或涂抹，由于各种杂草对草甘膦的敏感度不同，用药量也不同。

【注意事项】①严禁药液飘移到棉花叶片及邻近作物；②防除多年生杂草、田间杂草叶龄大、密度高采用高剂量，此外，不同杂草对草甘膦的敏感度不同，因而用药量也不同；③施药时天气干旱可加喷雾助剂提高药效。施药后 4～6 h 遇雨应补喷；④用时应充分摇动容器，使结晶溶解，以保证药效；⑤易与钙、镁、铝等离子络合失去活性，稀释农药时应使用清洁的软水，兑入泥水或脏水时会降低药效；⑥草甘膦具有酸性，贮存与使用时应尽量用塑料容器；⑦施药完毕，喷药器具要反复清洗干净。

【主要制剂】30% 草甘膦异丙胺盐水剂、41% 草甘膦异丙胺盐水剂、46% 草甘膦异丙胺盐水剂、68% 草甘膦铵盐可溶粒剂。

【生产企业】先正达南通作物保护有限公司、江苏百灵农化有限公司、江苏东宝农化股份有限公司、浙江新安化工集团股份有限公司、深圳诺普信农化股份有限公司 、江苏龙灯化学有限公司 、拜耳股份公司等。

18. 乙羧氟草醚（fluoroglycofen）

【杀草机理、作用特点】二苯醚类触杀型苗后选择性除草剂。被植物吸收后，使原卟啉氧化酶受抑制，阻碍叶绿素的合成。杂草受害后叶片褪绿变黄白色，最终枯萎、死亡。

【防治对象】一年生阔叶杂草，如反枝苋、凹头苋、马齿苋、龙葵、地肤、蓼、灰藜等。

【应用技术】阔叶杂草 3～5 叶期，用本品 30～40 mL/ 亩，兑水，行间定向喷雾。喷药时在喷头加保护罩，以免喷到棉花茎叶上造成药害。

【注意事项】①该药为触杀型除草剂，杂草叶龄增大后药效降低，应在杂草出齐苗后提早使用；②干旱时，杂草死亡速度慢；③避免大风天或预计 1 h 内有降雨使用，防止药液飘移或被冲刷流失。

【主要制剂】10% 乳油。

【生产企业】青岛瀚生生物科技股份有限公司。

三、影响除草剂药效和安全性的因素及存在问题

在田间使用除草剂的药效和是否会产生药害取决于一系列因素：除草剂本身的生物活性、除草剂质量及其使用技术（除草剂使用量、时间及方法等）、环境因素（温度、降雨、风等气象因子及土壤因子）以及栽培管理措施、杂草抗药性等。在实际生产中以上几大类因素是相互影响的，往往是综合作用的结果。

（一）除草剂自身的问题

除草剂品种选择不当，乱混、乱配、乱用，除草剂质量不过关、添加非法隐性成分等。

1. 除草剂品种选择不合理

各种除草剂都有相应的杀草谱和适用环境，不根据杂草种类及棉田的具体情况选择除草剂，会使所选用的除草剂品种不能防除杂草或降低杂草防除能力，甚至产生药害。例如，二甲戊灵的主要防除对象是一年生禾本科杂草和部分小粒种子的阔叶杂草，如稗、狗尾草、藜、反枝苋等，对龙葵、苘麻、苍耳及多年生杂草防效差。二甲戊灵挥发性小，不易光解，对棉花安全性高；氟乐灵的主要防除对象与二甲戊灵相仿，但易挥发、易光解，施药后需尽快混土以保持其药效，由于氟乐灵的挥发性强，其蒸汽在土壤中也起杀草作用，因而在比较干旱的条件下也能取得较好的效果，但氟乐灵易造成棉花根肿；扑草净的主要防除对象是稗、狗尾草、藜、反枝苋等一年生杂草，对龙葵有一定的防效，但持效期相比较短，易发生药害，尤其沙土地土壤处理易产生药害；乙氧氟草醚的主要防除对象是一年生杂草，对龙葵有一定的防效，但需在光照条件下发挥除草作用，药后混土会间接降低药效，混土深度越深药效越差，与二甲戊灵分次施药操作成本高，安全用药量范围窄，土壤处理药后遇持续性低温多雨棉苗易产生药害；氟啶草酮的主要防除对象是一年生阔叶杂草和禾本科杂草，对龙葵防效优良且持效期长（图 4-6），一次施药可解决作物整个生育期的杂草危害，对次生榆树苗、扁秆荆三棱、芦苇有一定的兼治作用（图 4-7、图 4-8），但不同田块氟啶草酮对扁秆荆三棱的防效不一，对于根系分布在浅土层的扁秆荆三棱效果较好，对于根系分布较深，无法吸收到药剂的则防效较差。对野西瓜苗、藏蓟防效不理想（图 4-9、图 4-10）。相对目前其他对龙葵等阔叶杂草防效良好的棉田土壤处理剂，氟啶草酮对棉花的出苗、生长最为安全（图 4-11），但土壤残留期较长，需根据土壤条件和安全种植间隔期要求，科学轮种后茬作物（图 4-12）；丙炔氟草胺的主要防除对象是一年生杂草，如龙葵、藜、反枝苋等（图 4-13、图 4-14），对次生榆树苗等防效差（图 4-15），土壤处理防效受土壤墒情影响较大，过干时除草效果会明显下降，但持续性低温高湿或高温、高湿情况下易发生药害（图 4-16），在土壤中易被微生物降解，残留低、不影响下茬作物；乙草胺活性高，其主要防除对象是一年生禾本科杂草及部分小粒种子的阔叶杂草，如稗、狗尾草、藜、反枝苋、马齿苋等，对龙葵有一定效果，对苘麻防效差，土壤湿度过大、滴水出苗栽培条件下极易产生严重药害；精吡氟禾草灵、精噁唑禾草灵、精喹禾灵、高效氟吡甲禾灵都是苗后茎叶处理除草剂，它们的主要防除对象是禾本科杂草，如稗、狗尾草、芦苇、狗牙根等；乙羧氟草醚也是苗后茎叶处理除草剂，它的主要防除对象是反枝

苋、马齿苋、龙葵、苘麻等阔叶杂草，但在棉田只能对靶定向喷雾，且因其是触杀型除草剂，主要用于防除一年生较小的杂草，杂草叶龄增大后药效降低；草甘膦是一种具内吸性的灭生性除草剂，它的主要防除对象是一年生及部分多年生杂草，如田间已出苗的扁秆荆三棱等莎草科杂草，田旋花、芦苇、狗牙根等多年生杂草，苘麻、刺儿菜等阔叶杂草以及田边杂草等。从以上介绍可知，不同除草剂在除草性能、安全性和适用性等方面是有差别的，只有正确地认识各除草剂的特点，因地制宜地选用，才能实现用其所长而避其所短，取得预期的除草效果，防止除草不增产甚至减产。

图 4-6　氟啶草酮（龙草净®）+ 二甲戊灵土壤处理对棉田恶性杂草龙葵防效优良

图 4-7　氟啶草酮（龙草净®）+ 二甲戊灵土壤处理对棉田次生榆树苗的兼治效果

图 4-8　氟啶草酮（龙草净®）对根系分布在浅土层的扁秆荆三棱、芦苇有一定的兼治作用

图 4-9　氟啶草酮（龙草净®）对野西瓜苗防效不理想

图 4-10　氟啶草酮（龙草净®）对藏蓟防效不理想

图 4-11　氟啶草酮（龙草净®）+ 二甲戊灵土壤处理对棉花出苗生长安全

图 4-12　氟啶草酮（龙草净®）土壤处理对后茬敏感作物番茄产生药害

图 4–13　丙炔氟草胺 + 二甲戊灵土壤处理防除棉田龙葵效果（左图为空白对照）

图 4–14　丙炔氟草胺 + 二甲戊灵土壤处理防除棉田龙葵效果（左图为空白对照）

图 4–15　丙炔氟草胺土壤处理对棉田次生榆树苗防效差

图 4–16　持续低温多雨情况下，丙炔氟草胺土壤处理产生的药害症状

2. 除草剂质量不合格

除草剂本身的质量是影响药效和安全性的重要因素。各种除草剂都有相应的质量标准，其中最主要的是有效成分含量、杂质种类及其含量、分散性、乳化性、稳定性等，不同企业生产的相同有效成分的产品，因生产和加工工艺、助剂、溶剂、原药等的不同，安全性和有效性大不一样，例如，精喹禾灵属于选择性茎叶处理除草剂，一般用于防治棉田禾本科杂草，对棉花比较安全，但市场上销售的 5% 精喹禾灵乳油，部分厂家并不是用原药加工，而是用生产原药时的二次母液直接经过简单勾兑而成，内含较多杂质，选择该种精喹禾灵用于棉田除草易造成棉花的药害。此外，一些企业迎合部分棉农贪图便宜的心理，生产销售伪劣除草剂产品（图 4-17）。

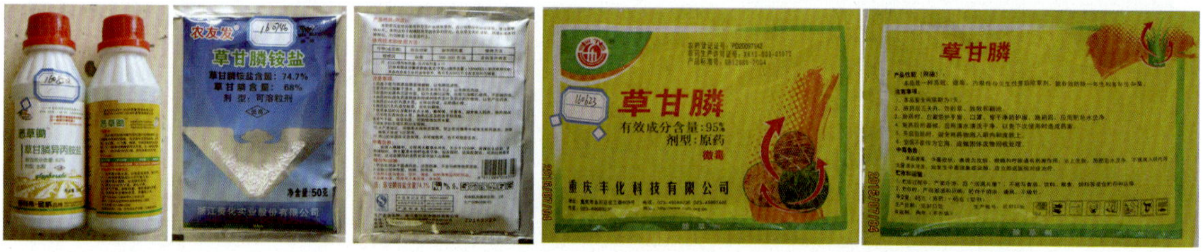

图 4–17　兵团农资市场农药监督抽查中发现的劣质草甘膦产品

近年新疆棉田恶性杂草龙葵快速蔓延为害，部分棉农面对满地的龙葵，高昂的人工拔草成本，无奈之下“急病乱投医”，购买个体农资店推销的各种打着“对龙葵特效”旗号的不明成分药剂。2019 年春季曾做过市场调查，发现二甲戊灵零售价（kg）千差万别，从十几元至一百二三十元不等，这其中有个别企业为降低成本用甲醇替换部分二甲苯溶剂

生产的劣质产品，也有添加所谓的“对龙葵特效”的隐性成分的“假农药”，在使用后造成了除草效果差以及易产生药害等问题（图 4-18、图 4-19）。还有产品标称是高效氟吡甲禾灵（图 4-20），但宣称“可防除大多数阔叶杂草，对极难防治的龙葵、苍耳、苘麻等都有很好的防除效果”。也有部分套装产品，以精喹禾灵附送 1 或 2 袋助剂、增效剂的形式，宣称可有效防除棉花苗后龙葵（图 4-21、图 4-22）。

图 4-18　标称有效成分二甲戊灵，但宣称对棉田恶性杂草龙葵有特效

图 4-19　标称有效成分二甲戊灵，但宣称对棉田恶性杂草龙葵有特效

图 4-20　标称有效成分高效氟吡甲禾灵，宣称可防除大多数阔叶杂草，对极难防治的龙葵、苍耳、苘麻等都有很好的防除效果

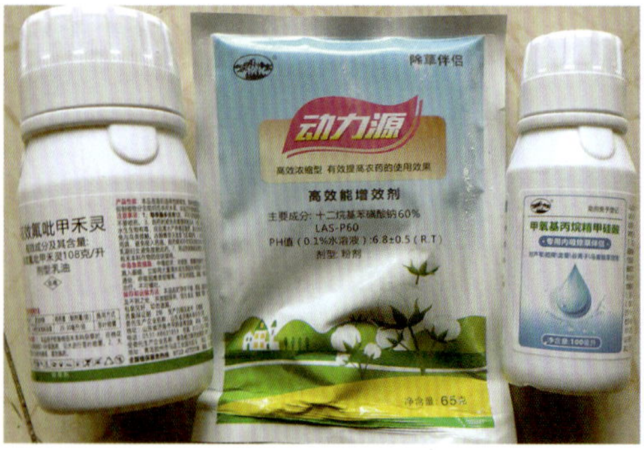

图 4-21　标称有效成分高效氟吡甲禾灵，附送增效助剂，宣称茎叶喷雾对龙葵有特效

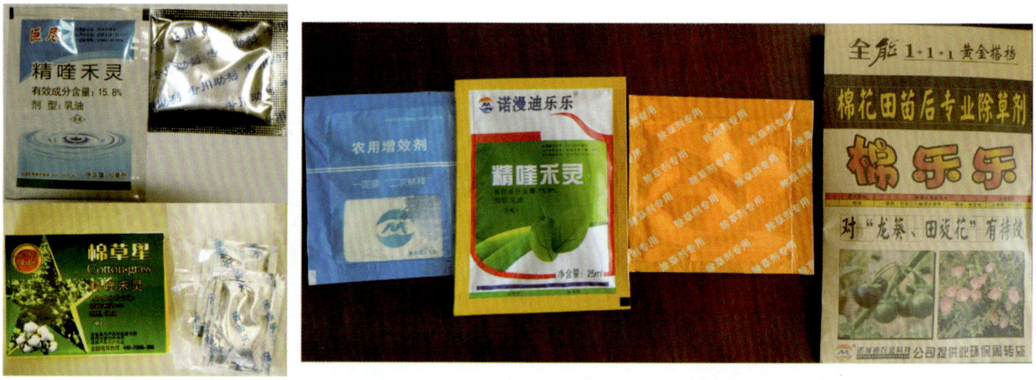

图 4-22　标称有效成分精喹禾灵，附送增效助剂，宣称茎叶喷雾对龙葵、田旋花有效

个别企业为了增加草甘膦除草效果，非法添加 2，4- 滴及其他对作物生长有害的成分，棉农在不知情的情况下使用，对棉花造成了严重药害（图 4-23）。

图 4-23　标称草甘膦异丙胺盐，所含隐性成分导致棉田出现大面积棉叶"鸡爪状"棉叶

3. 乱混、乱配、乱用除草剂

除草剂混用是扩大杀草谱、提高杀草活性的有效途径，生产实践中，将两种或两种以上的除草剂混用或搭配应用，可充分发挥各自的特点，实现优势互补。例如，二甲戊灵的防治对象是稗、狗尾草、马唐等禾本科杂草和藜、反枝苋等小粒种子阔叶杂草，对龙葵防除效果不理想，而氟啶草酮对龙葵、藜等阔叶杂草的防除效果优于禾本科杂草，尤其对龙葵防效优良，因此，对于龙葵发生严重的棉田，选择氟啶草酮与二甲戊灵混合使用，不仅大幅度提高了对龙葵的防除效果，而且将持效期从 50 天左右延长到了 60～70 天，满足了生产需求。部分棉农、农资经销商农药知识欠缺，选择敌草隆与二甲戊灵混合使用，敌草隆的防治对象是稗、狗尾草、马唐、反枝苋、藜、刺儿菜、芦苇等，高剂量情况下可作为灭生性除草剂，敌草隆与二甲戊灵混用，对棉田杂草的防除效果虽然可能优于敌草隆或二甲戊灵单独使用，但远远达不到有效防除龙葵的目的，而且敌草隆的淋溶性强，安全用药范围窄，在新疆滴水出苗种植模式下易产生药害。赵冰梅等试验研究表明，40% 敌草隆 SC 175～300 mL/ 亩对棉花根系发育和生长即有一定影响，根肿率显著高于对照药剂 33% 二甲戊灵 EC 200 mL/ 亩的 10% 还要多，死苗率达到 11.8%～23.8%，产量降低 5.5%～16.4%。此外，部分棉农、农资经销商对除草剂安全使用的重要性认识不足，忽视了除草剂药害风险，随意乱配乱用除草剂导致严重药害（图 4-24）。2019 年，在棉花播前已用扑草・仲丁灵、氧氟・甲戊灵封闭处理的基础上，于播后苗前在膜上又喷雾了一遍乙氧氟草醚 80 g/ 亩，结果出苗期间两场大雨将膜上的除草剂冲入膜孔，加之持续性低温，棉花出苗缓慢，棉芽接触和吸收较多的除草剂，造成严重药害。

图 4-24　乱配乱用除草剂导致严重药害

近年来，随着“抖音”“快手”等短视频平台的迅速兴起，很多农资经销商借力抖音做营销推广，开展农技知识宣传和用药技术培训，但其中良莠不齐，部分棉农由于自身知识的匮乏，辨识不清。2021 年有棉农在抖音上看到一则宣传，在棉花播种前先用除草剂做一遍土壤封闭处理，再于棉花出苗前膜上打一遍乙氧氟草醚，防除龙葵效果好，于是照搬照做，结果虽棉花出苗正常，但在棉苗长到第一片真叶展平时，采用无人机施药作业（喷施杀虫剂）后，94% 的棉苗真叶干枯，分析原因可能是无人机作业卷起了膜间和地膜表面混有乙氧氟草醚的药土，药土再沉降在棉花幼嫩的真叶上导致产生药害（图 4-25）。

图 4-25　乱用除草剂导致严重药害

4. 盲目推广购买新除草剂

新疆春季气候多变，尤其近年来 4 月中下旬至 5 月雨水增多，极端天气频繁，给土壤处理除草剂使用的安全性带来了极大的考验，部分新开发的除草剂仅凭试验室生测结果或在内地棉田的表现就匆匆登陆新疆市场，或者虽然在新疆开展了 1～3 年的田间药效试验，但对环境条件的影响考虑不足，当遭遇到异常气候时均出现了严重的药害。

（二）施药机械的问题

施药机械的作用是将一定量的除草剂按要求均匀喷施于田间土壤表面或杂草等靶标上，充分发挥除草剂应有的效应。因此，性能优良的施药机械是安全高效使用除草剂的重要前提之一。

1. 喷杆喷雾机各部分的功用

机采棉田除草剂的使用大部分采用的是喷杆喷雾机。喷杆喷雾机主要由药罐、液泵、喷杆、喷头、过滤装置、搅拌装置和各种调节控制装置等组成。

（1）药罐　用于盛放药液，目前新疆棉花生产中药罐的配置多见悬挂式和牵引式（图 4-26、图 4-27）。药罐应有明显的容量标示线，可随时观察罐内药液量。

图 4-26　悬挂式喷杆喷雾机（药箱前后置式）

图 4-27 牵引式喷杆喷雾机

（2）液泵 是喷雾机的心脏，液泵要装调压阀。药液的压力由泵提供，由调压阀按需调节压力。液泵应能够提供足够的喷雾压力和流量，以保证喷雾质量和液力搅拌的基本要求。常用液泵有隔膜泵、柱塞泵等。其中，隔膜泵具有作业时压力稳定的优点。

（3）喷杆 棉田播前除草剂土壤处理使用水平横喷杆喷洒，喷杆多采用桁架式结构，可折叠，便于运输和地头转移。喷杆末端距喷杆水平位置中心线上、下距离不得超过 10 cm。喷幅在 10 m 以上的机具应有平衡、仿形机构或液压平衡装置。

（4）喷头 是喷雾机具上对喷雾质量最有影响的部件之一，虽然个头很小，但却决定着施药液量、喷雾雾滴大小和雾滴分布的均匀度等。只有正确选择、合理使用，才能保证除草剂的定量和有效喷洒。

（5）过滤装置 用于确保喷雾机作业过程中，喷头不堵塞，保证喷洒质量和减少液泵等工作部件的磨损。一般喷雾机上应有 3～4 级过滤，在药液箱加液口、进入泵前、压力管路（泵后）和喷头处都需装有过滤装置，而且各处对滤网的尺寸要求也不相同。

（6）搅拌装置 用于搅动药液，保证在喷施过程中除草剂与水均匀混合，且药液浓度始终保持相对稳定。搅拌方式有回流、射流和压力药液搅拌等。

（7）调节控制装置 用于调节控制喷雾机药液压力、流量和流向，监测喷雾机的工作状况和作业参数或质量，包括调压阀、卸压阀、开关和压力指示表等，一般为手动操作。现代大型施药机械，智能化、自动化程度高，大多为按键或多功能手柄操作，自动执行，监视器菜单式检测显示。

2. 喷头类型及选用

根据喷雾雾形的不同，喷头一般分为圆锥雾喷头（锥形喷头）和扇形雾喷头（扇形喷头）2 类，每种雾形的喷头还可以细分为许多类型和规格。如圆锥雾喷头又分为空心圆锥雾喷头和实心圆锥雾喷头 2 种。目前在新疆主要使用的是空心圆锥雾喷头，喷出的雾形呈伞状，中心是空的，落地后是一个圆形中空的雾斑，中间无雾滴或只有极少的雾滴，呈马鞍形沉积分布（图 4-28）。在喷雾量小和喷施压力高时，可产生较细的雾滴。可用于喷洒杀虫剂、杀菌剂和某些杂草的苗后茎叶处理除草剂。

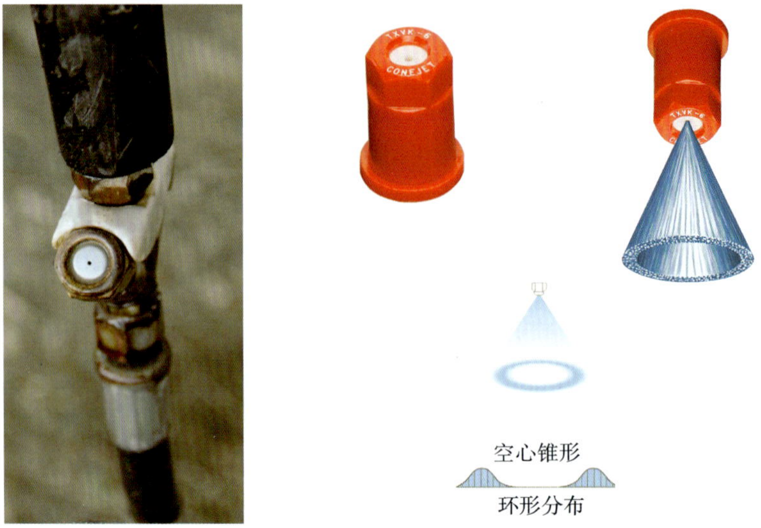

图 4-28　空心圆锥雾喷头及其雾形、雾滴分布

扇形雾喷头的孔口呈狭缝式椭圆形，药液以扁平扇形薄膜自孔口喷出，与大气相撞击而破碎成为扇形雾流（图 4-29）。与圆锥雾喷头相比较，扇形雾喷头喷雾的雾滴在同一平面内，可通过调节喷头角度，避免相邻喷头雾滴干扰，通过合理设置喷头在喷杆上的位置，达到喷液量等量叠加，实现均匀喷雾的目的。可用于喷洒杀虫剂、杀菌剂和除草剂、脱叶剂。

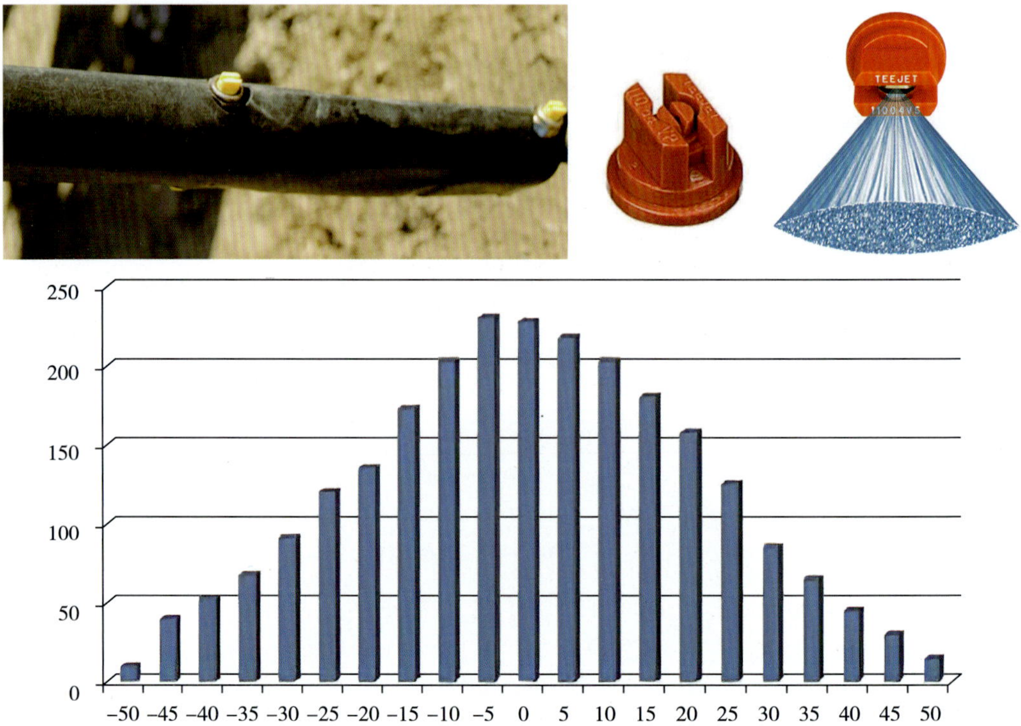

图 4-29　扇形雾喷头及其雾形、雾滴分布

扇形雾喷头有多种喷雾角的，在同一喷杆上应安装相同喷雾角的喷头，也就是喷头型号要相同。为在沉积面上提供一个相对稳定、覆盖均匀的分布，就要求喷头以一定的间距布置并保持一定的喷洒高度，使雾头幅宽至少互相重叠 1/4～1/3（图 4-30）。安装时需调整角度，使其狭缝（喷雾扇面）与喷杆同方向偏转 5° ～15° ，保证喷杆上所有喷头的雾面方向完全一致，这样才能获得沿喷杆方向喷雾的一致性和均匀度，从而保证喷雾质量，否则角度不一，喷雾面之间相互干涉，会造成药液沉积不均匀。

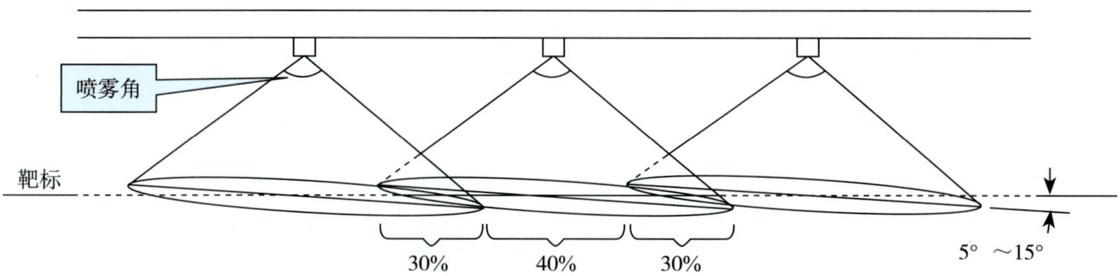

图 4-30 扇形喷头喷雾扇面与喷杆偏转角度示意图

由于扇形雾喷头的定量定向控制性能较好，喷洒分布均匀，穿透能力较强，喷杆喷雾机应选用扇形雾喷头作业，尤其是喷施土壤处理除草剂时应选用扇形雾喷头。但同等流量下，扇形雾喷头对过滤网的要求较高，否则喷头易堵塞，如扇形 80015 喷头，要求最少 80 目滤网，而同等流量的圆锥雾喷头，50 目过滤网就足够了。此外，扇形雾喷头安装时需调整角度，以保证每个扇面都有一个统一偏转角，拆装起来相对费时麻烦。一种将喷头帽与喷头体的连接由螺纹改为卡口结构的快速组装喷头，解决了扇形雾喷头安装费时麻烦的难题，特别是在喷头堵塞时便于拆装，只需轻轻拧 1/4 圈。快装接头可以自动保证喷头与喷杆的偏转角度，不用再调，密封用特有的氟化橡胶垫片，绝不滴漏，省工、安全（图 4-31）。

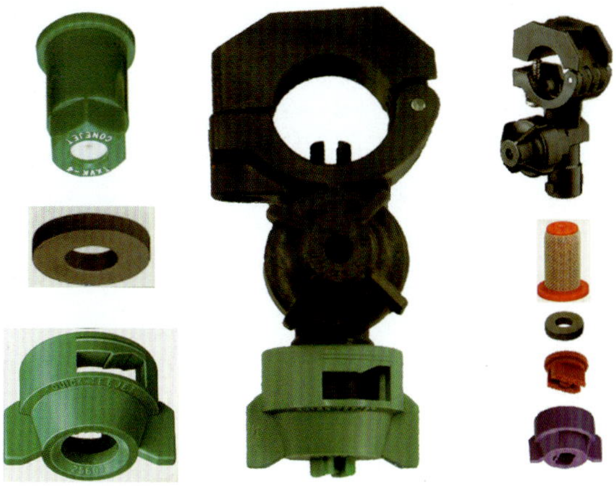
图 4-31 快速组装喷头

扇形喷头根据结构不同，又可细分为普通扇形喷头、防飘扇形喷头等，结构不同，喷雾效果相差很大。目前，普遍应用的防飘移喷头是将空气和水在喷头内部乳化混合形成大量的充气雾滴（液包气的“小气泡”大雾滴），通过增加雾滴质量达到降低雾滴飘移损失的目的（图 4-32）。充气雾滴自喷头喷射出后，在与靶标发生碰撞的过程中炸裂，二次雾化出更多更细的雾滴，如此不但提高了雾滴覆盖率，还能降低 75% 以上飘失（图 4-33）。

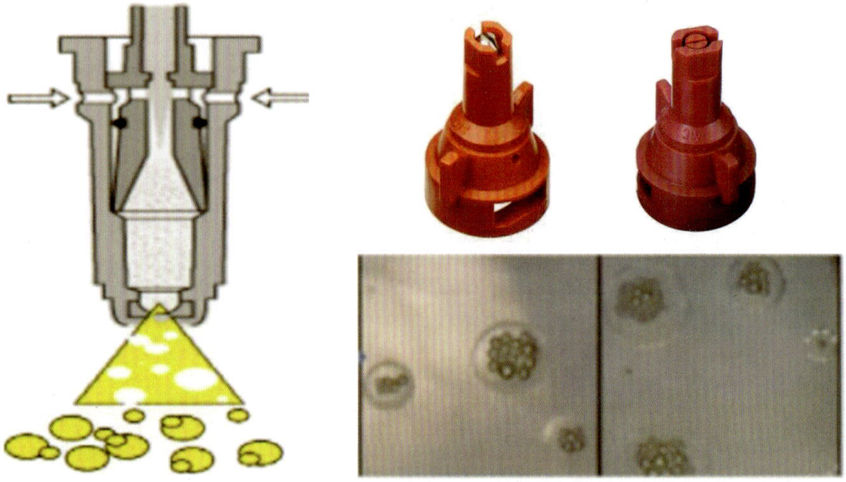

图 4-32　TEEJET AIC 防飘移喷头

图 4-33　防飘移喷头可有效降低喷雾雾滴的飘移

左：普通扇形喷头，药液飘移严重，药效差且可能导致飘移药害

右：防飘移扇形喷头，药液飘移少，效果好，省药

喷头采用国际统一的颜色代码，如扇形雾喷头大小从 01、015、02、03、04、05、06 到 08，喷液量由小到大，分别用橙色、绿色、黄色、蓝色、红色、棕色、灰色和白色代表。例如，80002（黄色）或 11004（红色），分别表示喷雾角度为 80° 的 2 号标准扇形雾喷头和 110° 的 4 号标准扇形雾喷头（图 4-34）。根据喷洒药剂的种类和喷药液量选择喷头型号。

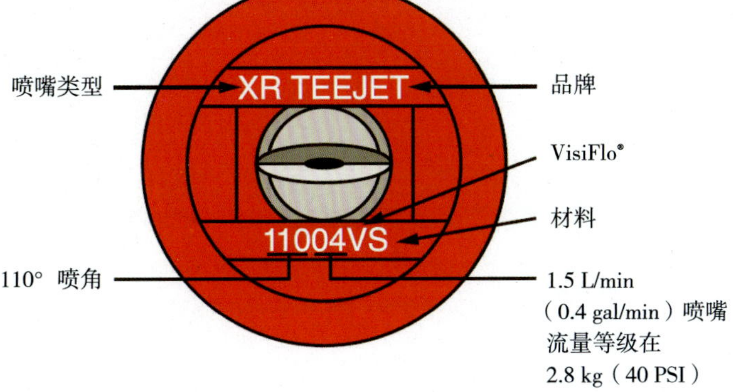

图 4-34 喷头标识示意图

XR 表示延长范围扇形喷嘴，TEE JET 表示美国喷雾系统公司农用喷嘴的注册商标，
V 表示不同流量用不同颜色标识，S 表示喷头的喷孔嵌体材质为不锈钢，
110° 表示在 2.8 kg 喷雾压力下的喷嘴的喷雾角度为 110°，
0.4 表示在 2.8 kg 喷雾压力下的流量为每分钟 0.4 gal
（1 gal =3.8 L），相当于每分钟 1.514 L。

喷头质量有好有差，好的喷头应材质坚固耐用，工艺精细合理。喷头材质主要有铜、尼龙、不锈钢和陶瓷等，因材质不同，喷头使用寿命不等，见表 4-1。

表 4-1 不同材质喷头寿命

材质	使用寿命 /h
铜	100
尼龙	200
刚玉瓷	300
不锈钢	400
陶瓷	400
聚合材料	400

在喷头工作一定时间后，喷头磨损或损坏会导致药液流量、喷雾角度、喷雾雾滴大小发生变化，从而影响喷雾雾滴分布的均匀性（图 4-35）。

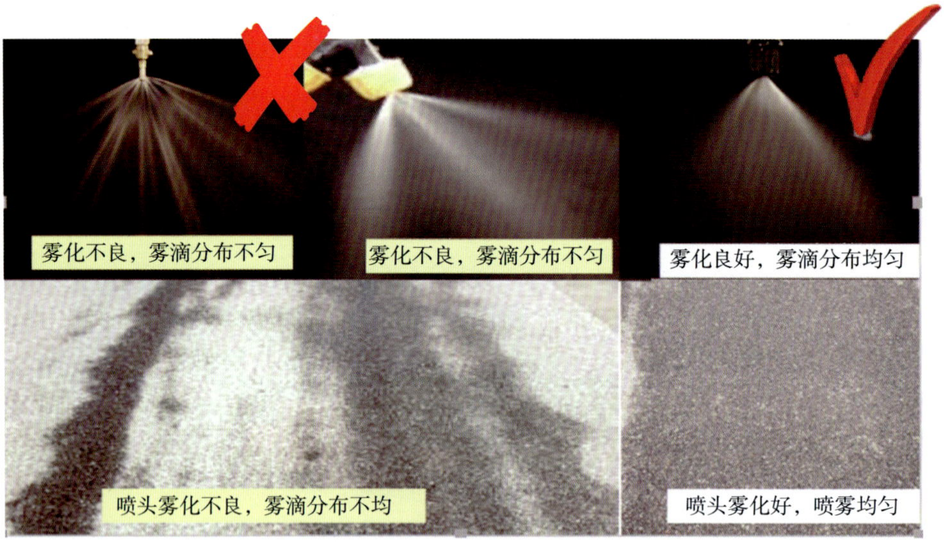

图 4-35　喷头质量差、磨损或损坏影响雾滴分布的均匀性

喷头的工艺是指制作喷头模具的精细程度，决定了喷孔的尺寸精密度和光洁度，光洁度好可减少堵塞。喷孔尺寸精密度决定流量、喷雾形状、雾滴大小及分布均匀性等关键因素。

3. 雾滴大小及分布

评价施药质量的指标除了施药后所取得的防治效果，另一个是药剂在施药区域内的沉积分布状况，主要以雾滴大小和单位面积上沉积的雾滴数量即雾滴覆盖密度表示。在单位面积上喷施药液量固定的条件下，雾滴大小与雾滴覆盖密度成反比，即雾滴直径越小，雾滴覆盖密度就越大（图 4-36）。一般来说，在一定数值范围内，覆盖密度越高，则药效越好（图 4-37）。覆盖虽不要求完全，但必须均匀（图 4-38）。

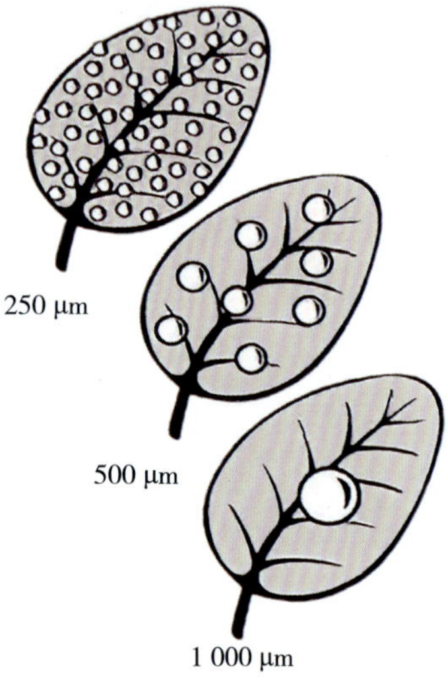

图 4-36　雾滴大小及表面覆盖示意图

图 4-37　不同雾滴大小喷施 20 g/hm^2 剂量精噁唑禾草灵对稗的防治效果（先正达）

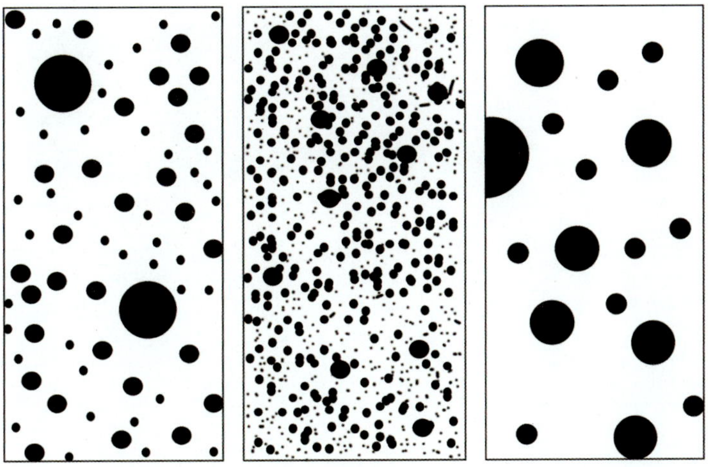

图 4-38 农药分布均匀性比较示意图

4. 影响喷杆喷雾机喷洒质量的因素

在液泵排量、喷雾系统内压力正常稳定、药液搅拌混合均匀的前提下，下列因素会影响喷杆喷雾机的喷洒质量。

（1）喷杆安装的高度（离地面或靶标的高度） 喷施土壤处理剂时，喷杆高度对地面受药量的均匀度影响很大，合适的喷杆高度应使地面受药均匀。如图 4-39 所示，当喷杆高度过高时，相邻雾面搭接过多，有些重叠部位药液沉积量过大，造成整个喷幅内沉积量不均匀，且喷杆过高受风影响大，雾滴更容易飘失；当喷杆高度过低时，如图 4-39c 所示，相邻喷雾面因搭接不上而漏喷，或搭接过少，此时受地形影响大，地面不平喷雾机颠簸，也易造成漏喷；图 4-39b 所示的喷杆高度为正确高度，地面受药最为均匀。

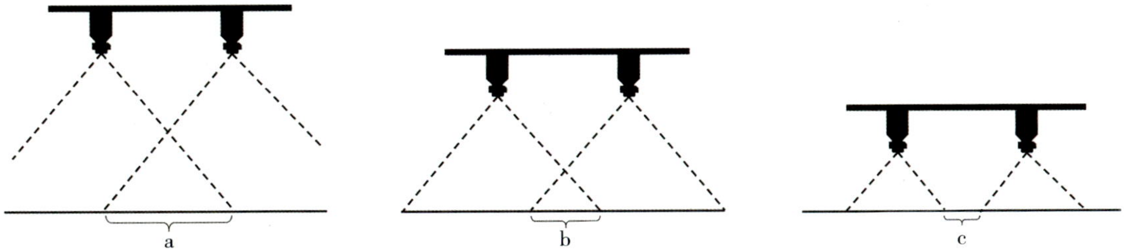

图 4-39 喷杆高低与扇形雾面重叠效果示意图

a. 喷杆过高，雾面重叠太多，喷洒不均；b. 喷杆高度合适，重叠适当；

c. 喷杆过低，雾面重叠不上，易造成漏喷

喷施土壤处理剂一般喷嘴距地面高度 40～60 cm。通过测定沿喷杆方向的喷雾分布均匀性可以确定喷杆的准确高度（图 4-40、图 4-41）。

图 4–40　采用喷雾分布测试仪测定沿喷杆方向的喷雾分布均匀性

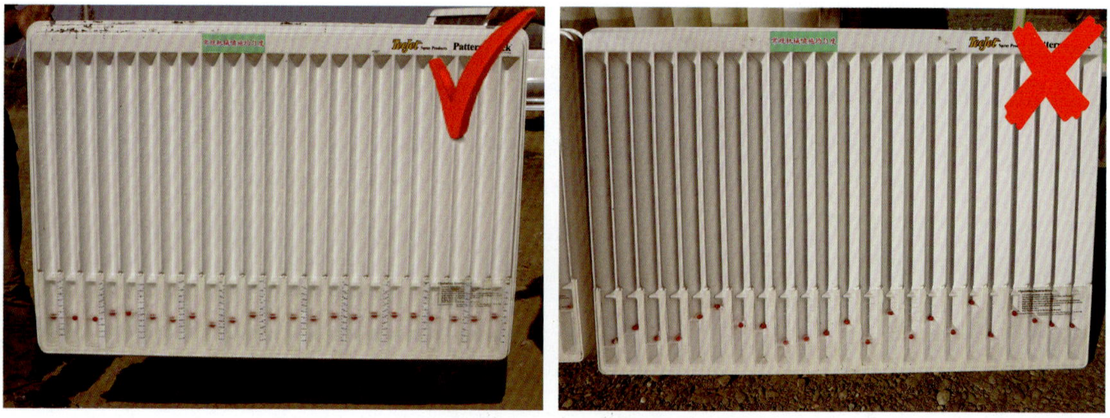

图 4–41　沿喷杆方向喷雾分布均匀性测试结果

若测试仪水槽内浮球高度（液面高度）均匀说明喷杆高度合适，如果不均匀说明喷杆高度不合适，需调整喷杆高度后再测，直至液面均匀。

（2）喷头喷液量的一致性　喷杆上安装有几十个喷头，只有每个喷头在单位时间内的药液流量（即喷药液量）都均匀一致，才能保证喷幅内药液沉积分布的均匀一致。由于喷头制造误差、磨损和堵塞等原因，会导致喷液量不一致（图 4-42），因此，在喷头安装调整后必须对每个喷头的喷液量进行测定和校核，对喷液量误差超过额定流量 10% 的喷头要予以更换。

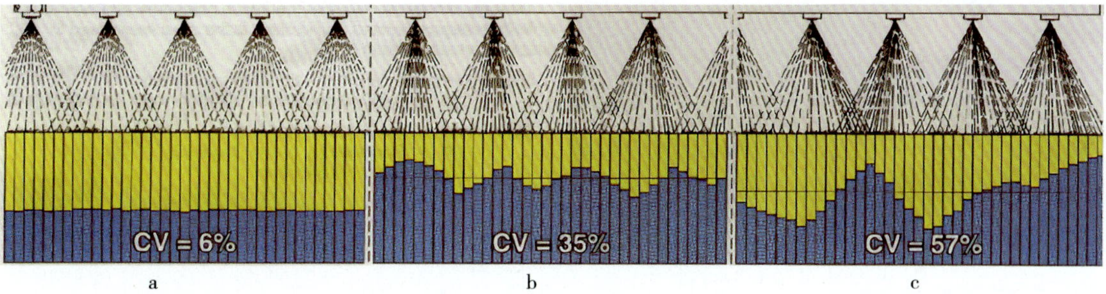

图 4-42 喷雾药液沉积分布均匀性

a. 各喷头喷药液量符合要求；b. 喷头磨损；c. 喷头严重磨损

（3）喷杆的摆动 田间作业时，由于地面不平整，会引起喷杆上下前后晃动，造成局部区域内药液沉积分布不均匀，尤其在前进时喷杆向后摆，可使局部区域重复喷药。摆动幅度受行驶速度、地面状况及喷杆本身材质坚固与否的影响。为减少这种晃动和摆动，尽可能保持喷杆的高度和稳定，喷幅在 10 m 以上的机具应有平衡、仿形机构或液压平衡装置。

（4）作业参数 喷杆喷雾机作业时，单位面积上的施药液量取决于机车的行驶速度、工作压力及喷头的喷液量等，当车速和工作压力改变或波动时，喷药液量相应地发生变化，进而影响杂草防除效果或导致药害（图 4-43）。

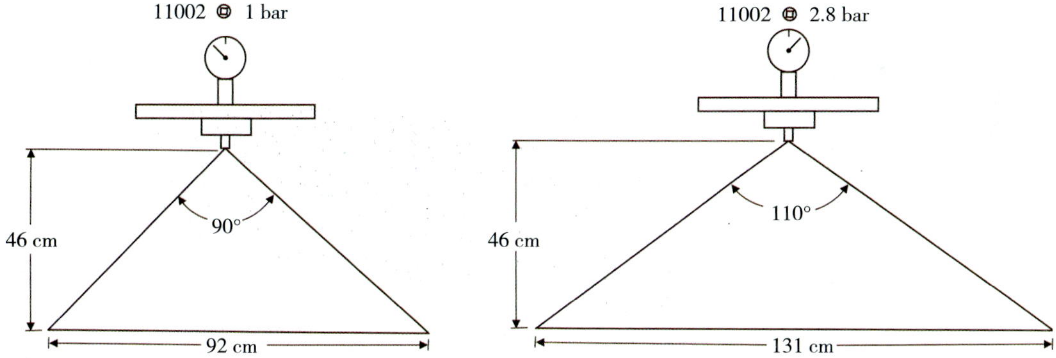

图 4-43 同一喷嘴不同压力下，喷雾角度不同，喷液量相应发生变化

需要调整单位面积上的施药液量时，最简单的办法是改变行驶速度，即车速快，施药液量降低，车速慢，施药液量提高。但改变行驶速度不是最好的办法，因为大多的喷杆喷雾机作业中无法准确定量车速大小，另外，车速太快会明显加大喷杆的摆动，降低车速又影响工作效率。喷洒土壤处理除草剂时，机车的行驶速度应控制在每小时 4～8 km，工作压力调节到 0.2～0.3 MPa 为宜。

（5）气象因素 施药作业过程中的风速、风向、大气稳定度和气温、空气相对湿度等影响喷雾雾滴的飘移和蒸发。新疆春季经常出现刮风天气，为减少喷药时的飘移挥发损失，应推广使用防飘移喷嘴。

5. 施药机械现状

目前，新疆仍有相当数量的喷杆喷雾机及（或）喷洒部件不适合科学使用除草剂的要求，95% 以上的喷雾机使用的是空心圆锥雾喷头（图 4-44），这一方面，与空心圆锥雾喷头拆装方便、不易堵塞以及农机手的认知有关；另一方面，新疆气候干燥，春季风多蒸发量大，且采用滴水出苗种植模式后，部分棉田不再冬（春）灌水，土壤墒情不足，而所用土壤处理剂大多水溶性偏低，为保证杂草防除效果，一般需加大喷液量至每亩 60 kg 以上，以提高除草剂在土表的分散性和覆盖率。而目前在用的喷雾机及其喷洒部件状况采用圆锥雾喷头更易实现大水量喷雾。在这里，施药机械仅仅是一种喷洒农药的工具，与施药技术分离，二者缺乏有机结合。此外，很多在用的喷杆喷雾机存在严重的“跑、冒、滴、漏”现象（图 4-45）。喷头落后，材质差，易磨损，各喷头流量误差大；喷头安装间距不等、安装角度不一致，或混合安装使用不同类型的喷头，沿喷杆方向喷雾量不均匀（图 4-46 至图 4-51）。喷杆大多没有平衡和仿形装置，机架稳定性差，喷杆与地面不平行（图 4-52）。大多喷雾机的液泵为柱塞泵，喷雾压力不稳定，无压力表或压力表已损坏。喷杆近端压力过大，远端压力不足，喷雾压力不均匀。过滤器粗糙、滤网孔径大、过滤网已破烂还在用（图 4-53），导致杂质常堵塞喷嘴（图 4-52、图 4-54）。药罐多数无搅拌装置（图 4-55），药液不匀，容易分层，或有搅拌装置，药剂加入药罐未搅拌均匀就喷雾。以上问题均可造成局部喷药量过多或过少，或挥发漂移损失，引发药害或喷幅间防治效果差异大、除草效果下降甚至无效。还有，我们的施药机械大多没有液位显示系统，无法直观了解、检测喷洒药液量与作业面积是否吻合，作者亲自检查过一辆作业结束准备离去的喷雾机，药罐内还剩 1/3 的药液没打完。

图 4–44　目前土壤处理剂喷施多用空心圆锥雾喷头

图 4–45　施药机械“跑、冒、滴、漏”现象普遍

图 4-46 喷头磨损仍带残作业

图 4-47 喷头间流量差异太大，喷雾量不均匀

图 4-48 喷头安装间距不等

图 4-49 各喷头喷雾量不一致，沿喷杆方向喷雾不均匀

图 4–50　各喷头喷雾量不一致，沿喷杆方向喷雾不均匀

图 4–51　沿喷杆方向喷雾量分布均匀性测定结果

图 4–52　喷杆与地面不平行，部分喷头堵塞

图 4–53　过滤粗放，过滤网破烂了还在使用

图 4-54　部分喷头堵塞，有漏喷现象

图 4-55　药罐内没有搅拌装置，用木棍搅拌几下凑合

（三）使用技术问题

除草剂的使用技术是其发挥除草效果的关键，也是导致药害的重要原因。

1. 整地质量差

土壤处理除草剂药效好坏的关键点之一是需要在土壤表面形成一个严密均匀的药剂封闭层，如果整地不细致，大坷垃多，会因大土块占土壤表面的面积相对较大，导致土壤受药浓度降低，且在大土块表面不易形成均匀的药剂封闭层，土块中的杂草种子因受到保护而接触不到除草剂（图 4-56）；棉田遗留较多的棉花、杂草根茬以及地膜残片，会影响除草剂的分配和扩散，从而影响除草效果（图 4-57）。合力科技徐小燕实验结果表明，相同剂量的氟啶草酮处理，当土壤表面覆盖有较多秸秆时，对龙葵的防除效果大为降低（图 4-58）。

图 4-56　整地质量差，满地的大土坷垃，影响除草剂的分配和扩散

图 4–57　田间残膜、秸秆多，影响除草剂的分配和扩散

图 4–58　土壤表面覆盖秸秆对除草剂防除龙葵效果的影响

整地质量差也是产生除草剂药害的原因之一。地未整平或土壤板结时，在进行土壤封闭除草后若遇大雨或连续阴雨，除草剂随水流汇聚到低洼的棉花周围，使局部药量增大产生药害，对出苗和成苗造成不同程度的不利影响，长时间积水药害风险更大。

相比于滴灌使用肥料，随水滴施除草剂防除棉花苗后杂草，由于除草剂的用药量很小，会因地面不平整、大土坷垃以及植物残茬和废旧地膜多、滴灌系统运行压力不足等因素影响除草剂在管网的分布及其滴施的均匀性，从而严重影响除草效果和棉花安全性（图 4-59）。

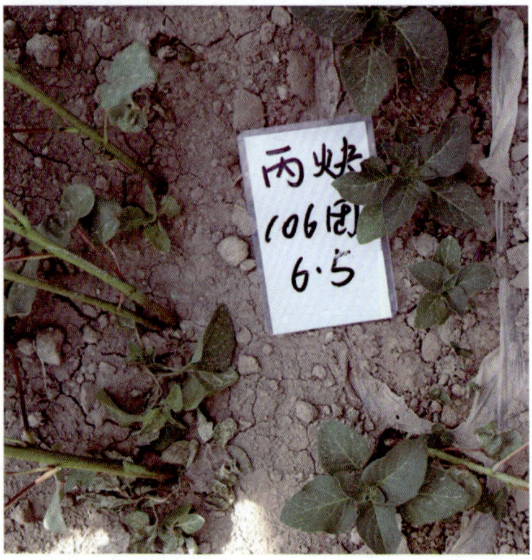

图 4–59　随水滴施除草剂时，水流不到的地方药效差

2. 用药量不准确

每种除草剂都有其适宜的使用剂量和一定的安全用量范围，除草剂对用药量的准确性要求比杀虫剂、杀菌剂要严格得多，因为除草剂是在作物和杂草之间进行选择，杀死杂草保护作物，作物和杂草本身都是植物，药量不准或不能有效杀草或对作物造成药害。造成用药量不准、不对的原因有几方面：一是主观行为，有的棉农除草心切，担心用药量低了除草效果不好，不按标签要求用药，盲目加大用药量，一旦环境条件有利于药效发挥，出现药害是不可避免的，或随着除草剂使用年限的延长，期望通过不断增加用药量来提高药效，误以为药量越大，效果越好，超过棉花对除草剂的耐受范围，造成不同程度的药害，或者忽视施药技术要求，通过随意加大用药量来补充喷洒不匀、整地粗糙等问题；二是没有根据棉田实际面积计算所需除草剂用量，大致估计，导致施药面积与棉田的实际面积不符；三是没有根据自家棉田的土壤特性和田间杂草基数确定除草剂的使用剂量，机械照搬邻家的用量，导致药效不佳或产生药害（图 4-60 至图 4-62）。

图 4-60　沙质土壤，丙炔氟草胺土壤处理，药量偏大（7 g/ 亩），遇持续性低温多雨产生严重药害

图 4-61　盐碱偏重土壤，除草剂使用剂量过大产生药害

图 4-62　随水滴施扑草净，药量偏大（50% WP 250 g/ 亩）产生药害

3. 除草剂配制方法不当

除草剂需采用二次稀释法配制。有些棉农认为此操作麻烦、累人，还有些棉农在农药的二次稀释问题上存在误区，认为只有固态的农药产品（可湿性粉剂、水分散粒剂等）需要提前用清水稀释，液态的农药产品（水剂、乳油、悬浮剂等）直接倒入大药罐里就行了（图 4-63），这是错误的观点！有研究表明，不进行二次稀释的农药产品比进行二次稀释的农药产品防效至少差 15%～20%，同时会带来药害风险。主要原因是不进行二次稀释，药剂难以在水中均匀分散。比如扑草净可湿性粉剂，如果直接倒入盛有大量水的药罐中，扑草净往往会漂浮在水的表面或结成团，分布不均，不但不能保证除草效果，而且喷雾时易堵塞喷孔。又比如，丙炔氟草胺，以每亩 6 g 为例，50 亩地需 300 g，如果直接加入 3 t 的药罐，药水比高达 1∶10 000 倍，根本不能保证药液均匀。即便是二甲戊灵，以每亩 200 g 计，50 亩地 3 t 的药罐中直接加入 10 kg 药，药水比 1∶300 倍也难以做到混合均匀。生活中面糊与水 1∶10 的比例直接倒锅中还易出现疙瘩分层。所以想要药效好，千万别偷懒，因为磨刀不误砍柴工。

图 4-63　农户配药时直接将除草剂倒入 4 t 容量的药罐里

4. 施药时间不恰当

杂草在不同的生育期对除草剂的敏感程度不一样，一般来说，萌发阶段和幼苗阶段对除草剂最为敏感，随着杂草的长大，敏感性逐渐下降，到接近开花时敏感性降低到最低点，适时施药，能获得良好除草效果。例如，茎叶处理剂精喹禾灵在禾本科杂草基本出齐、处于 3～5 叶期时及早施药，精噁唑禾草灵要提早到禾本科杂草 2～3 叶期施药效果更好，乙羧氟草醚在阔叶杂草 2～4 叶时及早施药；土壤处理剂丙炔氟草胺随水滴施，10 叶以下的龙葵基本完全枯死，而施药时已现蕾分叉的龙葵只是地上部茎叶枯死，后期会从茎基部重新发出新叶，说明草龄越小的杂草，防效越好越彻底；除草剂的使用并不都是越早越好，土壤封闭处理施药过早药效不好，原因是土壤封闭除草的原理是在棉花播种前，将除草剂均匀喷洒在土壤表面，通过浅混土形成一个除草剂封闭层，待杂草种子发芽穿过封闭层的过程中中毒，导致杂草幼芽萌发中止或幼苗枯死。一般土壤处理除草剂的持效期（除草剂使用后能够有效控制杂草为害所持续的时间）在 40～60 天（氟啶草酮持效期在 70 天左右），如果施药过早，药后棉花迟迟没有播种，没有滴出苗水，则在土壤墒情不够的情况下，杂草迟迟不萌发，会白白“浪费”除草剂发挥功效的时间，持效期一过，就不再对杂草有杀灭作用，导致早早出现“草荒”，严重影响除草剂的实际使用效果。如果施药过晚，施药时杂草已出土，药效也很差。因此，土壤处理剂的施药时间应在杂草出苗前用药越晚效果越好。采用随水滴施扑草净要在棉花 8 片真叶之后，否则易导致棉花药害（图 4-64）。

图 4–64　过早随水滴施扑草净导致棉花药害

5. 水质偏碱硬度高

水的质量对除草剂药效发挥也有影响，偏碱性水质，容易造成大部分农药碱性水解，会影响药剂的稳定性，从而降低除草效果。高硬度水因其所含 Ca^{2+}、Mg^{2+} 容易同某些除草剂的有效成分络合生成盐而被固定，会使除草剂药效下降。新疆水质偏碱、硬度较高，尤其地下水（如井水）硬度较大，一般不宜用来配制除草剂。

6. 喷雾用水量不足

喷液量的多少应根据施药方法和除草剂种类来决定。例如，土壤处理除草剂的杀草效果与喷液量关系极为密切，特别是在干旱条件下更为明显，土壤干旱会导致除草剂分子被牢固吸附在土壤表面，难以发挥除草作用，因此，除草剂土壤处理需喷液量较大。当前，新疆棉田所用土壤处理剂大多水溶性偏低，施入土壤后不易移动，施药时加大喷雾药液量，可促进除草剂在土层中的横向分布，使药剂层分布更加均匀严密有利于杂草吸收，获得最佳除草效果。如 42% 氟啶草酮悬浮剂（龙草净®）土壤封闭处理防除棉田杂草技术规范中明确要求用水量为每亩 60～80 L。否则，春季土壤干旱，喷雾用水量又少，难以形成严密的药土层，自然会影响防效。有些棉农为了节省机力费，刻意减少机车作业趟数，比如，180 亩地 4 t 的药罐一遍过，算下来每亩用水量只有 22 kg 左右，损失的是除草剂的药效，后期不得不投入大量人工拔草，得不偿失。机车打药费是小头，除草剂的药效才是关键。

7. 施药作业不规范

施药作业前，应对喷杆喷雾机进行检查和调整，保证器械能够满足施药作业的需要。施药过程中，要经常注意喷杆与地面是否平行，喷雾压力、油门、车速是否保持稳定，有没有喷头被堵塞，还应注意风速、风向，刮大风时应停止作业。施药作业结束后，应妥善处理剩余药液，并用清水或碱性洗液彻底清洗施药器械的药罐、喷杆、连接管及喷头等接触药剂的部位，避免造成下一块作业田除草剂药害。但实际生产中，棉农大多对喷雾质量的重要性认知不够，且极不重视，没有按施药技术规范要求进行作业，施药前少有对喷雾机具进行校准的，施药过程中，存在机车行驶速度过快或过慢，或忽快忽慢的现象，速度快时喷洒药量减少，速度慢时喷洒药量过多；喷雾压力不足，雾化不良，喷雾压力过大，雾滴过于微小，弥散在空中随风飘移，或喷雾压力不稳；作业高度较随意，没有根据喷雾雾滴分布的均匀性来设置；个别喷头堵塞时置之不理或随便捅捅继续作业；3 级以上刮风天仍坚持打药或根据风力随意改变喷杆高度；相邻喷幅重叠导致重复喷药或喷幅未衔接导致漏喷；地头加压或拐弯减速时未关闭送液开关等，都会造成喷洒不均匀，若局部用药量不足影响除草效果，局部用药量过大导致产生药害，随风飘移的喷雾雾滴，还会导致敏感作物药害（图 4-65 至图 4-67）。

图 4-65　局部着药量过多导致死苗

图 4-66　地头局部药量过大造成后茬玉米药害

图 4-67　连接行区域机车施药作业时相邻喷幅未衔接，漏喷药部位（地膜连接行）龙葵等阔叶杂草和稗等禾本科杂草均生长旺盛

8. 混土过深

新疆春季大风频繁、气候干燥，除草剂土壤喷雾处理后及时混土，能有效地减少除草剂的挥发，大大提高易挥发和易光解类除草剂的除草效果；能避免大风将表土除草剂刮走

而失去药效。此外，部分除草剂（二甲戊灵、仲丁灵、氟乐灵、扑草净）可通过萌芽杂草的幼根吸收，混土可使除草剂到达杂草的根部，有利于杂草对除草剂的全方位吸收。但调研发现，生产中混土深浅不一，有的深度达到了 8 cm、15 cm，甚至 20 cm，由于混土过深，造成土壤表层除草剂药量的稀释，因单位面积药量不足而降低除草效果。徐小燕专门针对氟啶草酮和二甲戊灵药后混土深度进行了室内盆栽试验研究，结果表明随着混土深度的加深，两种除草剂土壤封闭杂草的药效明显下降（图 4-68、图 4-69）。

图 4-68 42% 氟啶草酮 SC 20 g/ 亩剂量下，随着混土深度加深，药效明显下降

图 4-69 33% 二甲戊灵 EC 200 g/ 亩剂量下，随着混土深度加深，药效明显下降

对于那些不能或极少量能通过根部吸收的除草剂，或需在有光条件下发挥和增强除草作用的除草剂来说，混土过深会降低药效，甚至丧失除草效果。例如，乙氧氟草醚主要通过胚芽鞘、中胚轴进入植物体，丙炔氟草胺通过幼芽和叶片吸收除草剂，同时，这两种除草剂的活性都需阳光激活、加强除草效果。如图 4-70 所示不同混土深度对乙氧氟草醚除草效果的影响，随着杂草种子发芽接触药剂部位的不同，除草作用差异巨大，其中以杂草幼芽吸收药剂时受害最重，根部吸收药剂时，除草效果渐小至无，说明乙氧氟草醚只有施于杂草种子之上的土层时，才会发挥显著药效。生产中棉农选用乙氧氟草醚 + 二甲戊灵组合防除恶性杂草龙葵药效表现不稳定，有好有差，与混土过深有很大关系。赵冰梅等通过

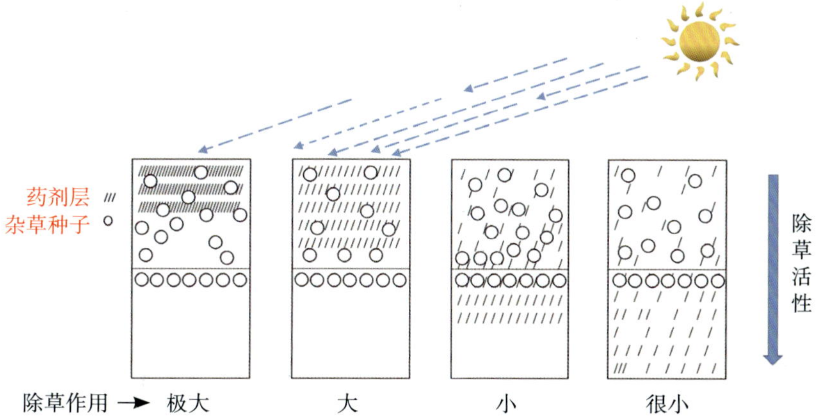

图 4-70 混土深度对乙氧氟草醚除草效果的影响

2 年田间药效试验，结果均表明，乙氧氟草醚与二甲戊灵混用，混土深度最好在 1～3 cm，为了达到更理想的除草效果，可先将二甲戊灵土壤处理，混土后再将乙氧氟草醚地表均匀喷雾，不再耙地混土，如此可进一步提高对龙葵的防效并延长控草期。

9. 药土层破坏

土壤封闭施药后再进行搂膜、整地操作，会破坏土壤表面的除草剂封闭层，降低除草效果（图 4-71）。

图 4-71　南疆棉田套种小茴香，连接行的药土层被破坏导致杂草未封住

10. 滴灌管网跑漏、滴头堵塞

随水滴施除草剂是利用棉田已有的水肥一体化滴灌系统将除草剂随水输送到棉花根部周围，杀灭棉花种孔、根区附近的杂草，如果滴灌带漏水或滴头堵塞，均会对施药的均匀性产生极大的负面影响，从而影响除草效果或产生药害（图 4-72、图 4-73）。

图 4-72　滴灌系统跑漏水

图 4-73　滴头堵塞地段，水肥药正常供给会受到影响

11. 施药器械未清洗或清洗不干净

施药器械使用后未立即彻底清洗或清洗不干净，再次使用时产生药害。2013 年 6 月中旬，兵团第一师 10 团 1 连 40 亩棉田出现成片棉蕾脱落、叶片卷曲等现象。经调查，该棉田棉农在给棉花化调和喷施叶面肥时，使用的药罐曾在 2012 年 8 月用于城区绿化带喷洒除草剂 2，4- 滴丁酯，虽对药罐进行了清洗，但仍有少量除草剂残留，残留的 2，4- 滴丁酯对棉花造成了药害事故（图 4-74）。2022 年有无人机在小麦地飞防 2，4- 滴丁酯 + 苯磺隆除草后未清洗药箱又到棉田作业造成棉花叶片出现褪绿变黄畸形等药害症状（图 4-75）。也有农户在用龙草净® 土壤处理施药结束后，未妥善处理药罐内残余药液，到下一块棉田直接加药兑水继续作业，造成第二块棉田后茬番茄药害（图 4-76）。

图 4–74　药罐清洗不干净，残留 2，4– 滴丁酯造成棉花药害

图 4–75　无人机麦田除草作业后，药箱未清洗直接到棉田作业，残留 2，4– 滴丁酯 + 苯磺隆造成棉花药害

图 4-76　使用了药罐内残余的龙草净®药液，造成该棉田第 2 年后茬番茄药害

（四）环境因素

使用除草剂除草效果的好坏，还与环境因素有很大的关系，包括土壤因子和气候因子。当遇到异常情况，如低温、高温、高湿、暴雨、大风、寒潮等，会增加棉花药害风险。

1. 土壤因子

土壤因子对土壤处理除草剂的影响更大。研究表明，施于土壤中的除草剂，一部分挥发到大气中，一部分进行光化学降解，而大部分则被土壤胶体吸附，或呈水溶液、水悬液或气体扩散在土壤中，以液态或气态被杂草吸收而发挥作用。除草剂被土壤吸附后一般即失去活性，因此，土壤溶液中要有一定的除草剂浓度或残留量才能有效地控制草害。土壤胶体对除草剂的吸附是个可逆过程，土壤温湿度、有机质含量、土壤质地、pH、微生物等土壤因子会影响除草剂的溶解、吸附等行为趋势，从而影响除草剂田间药效的发挥。

（1）土壤质地和有机质含量　除草剂的药效受土壤有机质和黏土颗粒的影响十分大，这是因为它们有极大的表面积，能吸附除草剂使其失去活性从而使除草剂的杀草效应显著下降。在除草剂使用中，必须有一定数量的药剂使土壤吸附容量达到饱和，在此基础上，随着除草剂用量增加，除草效果将相应提高。不同土壤有机质含量和黏土颗粒对除草剂的吸附差异很大，据报道，当土壤有机质含量不足 2.5 g/kg 或在 5～10 g/kg 时，除草剂的药效直接受有机质含量的影响，有机质含量越高，药效越差（图 4-77），有机质含量越低，药效越好；当土壤有机质含量在 2.5～5 g/kg，这时除草剂的药效主要受黏土颗粒的影响，黏土颗粒越多，药效越低；当土壤有机质含量超过 7 g/kg 时，就不宜使用土壤处理除草剂了。新疆棉田土壤有机质含量大多在 1.0 ～ 2.0 g/kg ，因此，除草剂的药效主要受有机质含量的影响。棉农可根据自家土壤质地来进行大概的判断，并灵活调整除草剂用量。一般来说，黏性土壤有机质含量高，需使用较高的施药剂量，沙性土壤有机质含量低，使用较低的施药剂量即可，但沙性土壤产生药害的风险也较大。例如，丙炔氟草胺在沙土地使用遇持续性低温多雨天气极易产生药害，扑草净遇持续性高温或大雨等异常天气也易发生药害（图 4-78）。

图 4–77　黑土地土壤有机质含量高、药效差

图 4–78　沙土地使用扑草净易产生药害

（2）土壤湿度　土壤湿度是影响土壤处理除草剂药效的关键因素，甚至是决定因素，土壤湿润有利于除草剂药效发挥，施药水平越低，土壤湿度对药效的发挥影响越大。首先，除草剂必须由水来溶解，土壤湿润有利于除草剂渗入土中，并在其中扩散及移动，药剂也容易随着水分被吸入植物（杂草）体内。而在干旱的情况下，除草剂的分子被牢固地吸附在土壤表面，难以发挥除草效果，药效差。其次，土壤含水量增加有利于杂草发芽、

生长，促使杂草的萌发高峰与药效期相吻合，以便在杂草抗药性最弱的阶段被杀死。但当土壤水分过多时，会发生解吸附现象，除草剂的分子游离在水中，药剂脱离土壤的吸附随着水分的移动而流失。生产中我们看到二甲戊灵、丙炔氟草胺、氟啶草酮这些水溶性偏低的除草剂，因其在土壤中的自主扩散能力弱，当土壤干旱时，除草效果可能会不尽如人意，而土壤墒情好时药效都比较理想，但如果土壤过于湿润、积水，除草剂的安全性会大幅度降低，尤其是丙炔氟草胺，土壤高湿情况下，除草活性被最大限度释放，高剂量处理产生药害的风险很大。对于水溶性大的除草剂比如乙草胺，土壤湿度对其药害有明显影响，高湿条件下会发生严重药害而除草效果降低，这也是新疆采用滴水出苗技术措施后，乙草胺退出新疆棉花生产的重要原因之一。

（3）土壤温度　土壤温度对部分土壤处理除草剂的药效有一定影响。施药后逐渐升温，有利于除草剂药效的发挥，但药后 2 周内温度过高（高于 25 ℃）且土壤墒情较好时，杂草出土过快，会因杂草幼芽在土壤药土层内滞留时间较短，吸收药量不足，而导致防除效果不佳。若施药后持续低温（低于 13℃）会大幅度降低某些除草剂的活性，降低药效，例如，下潮地、冷凉地，由于地温迟迟起不来，龙草净®药效表现也不理想，换用龙藜净®会更合适些。另外要注意的是，持续低温出现药害的可能性也增大。棉花出苗期间若遇低温天气过程，会较大幅度降低土壤温度，致使棉种在土壤中发芽、出苗缓慢，接触药剂的时间延长，产生药害的概率增高，持续性低温叠加高湿，大概率会产生程度不同的药害。随水滴施除草剂防除棉花苗后杂草，若是井水直接灌溉，因水温低，会降低除草效果。

（4）土壤 pH　土壤 pH 对除草剂在土壤中的吸附有显著影响（图 4-79），一般情况下，pH 降低，土壤对除草剂的吸附量会升高。生产中发现，同一块地盐碱重的部位往往会有除草剂药害现象，这与我们所用的土壤处理除草剂在土壤盐碱浓度升高时吸附降低，流动性增大，释放了除草剂活性有关。所以盐碱程度高的棉田，土壤封闭除草剂的使用要格外慎重（图 4-80）。此外还要注意的是，在 pH 较高的土壤中，除草剂的降解率减缓并

图 4–79　土壤 pH 对除草剂药效的影响

使残留增加，所以盐碱偏重的棉田龙草净®后茬不宜种植敏感作物。

图 4-80 土壤碱偏重的区域，棉花表现出叶脉褪绿，死苗、蹲苗等药害症状

（5）土壤微生物　微生物降解是大多数除草剂在土壤中消失的最主要途径。参与降解除草剂的微生物有真菌、细菌、放线菌，这些微生物能够改变和破坏除草剂分子结构，使其丧失活性。所以土壤微生物活跃，除草剂降解速度快，持效期短。

2. 气象因子

（1）光照　许多除草剂品种的活性直接或间接受光的影响，它们借助光来发挥活性或通过光增强活性，同时光照直接影响地膜植棉膜下温度的高低，光照好，膜下温度高，除草剂活性提高。光照还间接影响着杂草对药剂的吸收和传导。因此，光照强弱与除草剂的使用效果密切相关。例如，乙氧氟草醚的除草活性需要光照激活，强光照时除草活性随之增强，氟啶草酮、丙炔氟草胺在持续阴天情况下药效差强人意。在晴好天气且光照充足、气温较高的时段随水滴施丙炔氟草胺的药效显著好于阴雨天的同样操作，阳光可加速杂草死亡，用药三天便能见效，灰绿藜、龙葵呈现萎蔫状态，药后 4 天，灰绿藜开始枯死。但光照也可使除草剂发生光解，丧失活性。大多数除草剂在溶液状态下均进行一定程度的光解，不同除草剂品种对光解的反应不同，例如，强光可加快乙氧氟草醚、氟啶草酮在喷雾过程中的逸失，所以光照强烈的中午施药会降低它们后续的使用功效。氟乐灵见光后则易发生光解而失效，所以施药作业需在傍晚进行，药后尽快混土。另外，当除草剂施于干燥的土壤表面和残茬上时，如果随后没有降雨或机械混土，光解造成的损失将会大大影响药效。

（2）气温　除草剂药效发挥及药害的产生与气温有很大关系。对于土壤处理的除草剂，春季气温高且持续时间长，土壤温度相应快速回升，则除草剂药效表现好，但同时土壤中微生物分解药剂的速度加快，药效期缩短；春季升温慢，土壤温度低，会降低除草剂活性，从而降低除草效果。对于随水滴施除草剂，高温条件下除草剂活性升高，植物（杂草）新陈代谢旺盛，对除草剂的吸收与传导速度加快，两项叠加，除草效果好；反之气温低，除草效果差。对茎叶处理除草剂，由于温度影响除草剂雾滴的蒸发，新疆气候干燥，蒸发量大，高温施药加速了药液的水分蒸发，可能会造成药剂浓度提高而产生药害，同时植物（杂草）在高温下会大量失水并关闭气孔，除草剂无法进入杂草体内从而降低除草效果。当气温过低时，杂草代谢缓慢，吸收除草剂减少，药效降低。一般来说，除草剂发挥最大功效的适宜温度是 20～35 ℃，异常气候易产生药害。

如图 4-81 所示，2020 年新疆北疆气温异常偏高，偏高幅度居历史同期第 1 位，自 4 月下旬持续 30 ℃以上高温七八天，最高达到 36 ℃，棉田膜下温度达 60～70 ℃，且又遭遇了近 35 年来的最强春夏连旱，降水较常年大幅偏少，棉田干旱缺水，为保证棉种顺利出苗，很多农户补滴出苗水 1～2 遍，持续高温 + 膜下局部高湿导致应用丙炔氟草胺土壤处理防除龙葵的棉田药害严重。

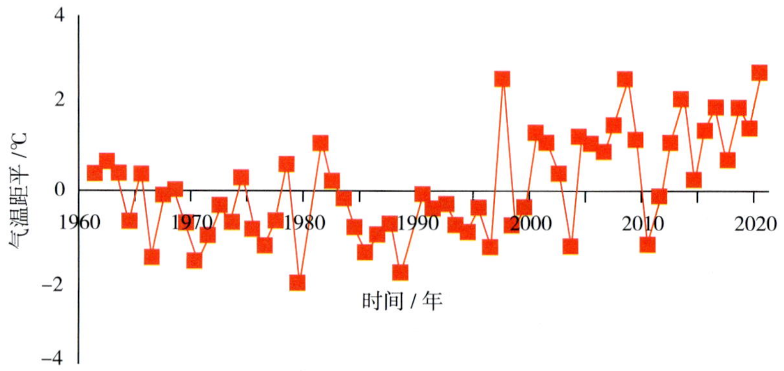

图 4-81　新疆春季平均气温距平历年变化图

（3）空气湿度　空气湿度对茎叶处理除草剂的效果有明显影响。空气湿度大，除草剂雾滴在杂草茎叶表面的干燥过程缓慢，杂草茎叶气孔开放程度大，有利于药剂的吸收，除草效果好。若天气干旱，空气湿度小，会加快除草剂喷洒雾滴的蒸发，特别是直径小于 100 μm 的小雾滴，杂草茎叶气孔紧闭，植株体内代谢作用也很缓慢，除草剂就很难进入杂草体内，从而严重影响除草效果。

（4）降雨　降雨对土壤处理除草剂药效的影响程度，决定于药剂的性质、降雨量的大小、持续时间等。对新疆目前常用的土壤处理剂二甲戊灵、氟啶草酮、丙炔氟草胺和扑草净而言，不论施药前还是施药后降小雨，因可增加土壤湿度均有利于除草剂药效的发挥，但若施药后降大雨，药剂会在低洼积水的地方发生药害，若持续性降中到大雨，则可能产生严重药害。例如，2019 年较大面积的丙炔氟草胺药害即与异常天气有关。2019 年新疆春季气候异常，4 月下旬起气温由偏高转为偏低，5 月平均气温较常年同期偏低，幅度居 2000 年以来历史同期第一位，直至 6 月中旬气温才快速回升。4 月开始，受冷空气影响，大部分地区出现频繁降水降温天气，降水主要集中在北疆北部等地。笔者当年在南北疆都安排有二甲戊灵 + 丙炔氟草胺棉田土壤封闭除草试验，据统计，北疆试验区土壤处理施药后的 1～45 天内共出现了 15 次降水、降温天气过程。其中，4 月 22 日、25 日，5 月 14 日、16 日雨量达到中量及以上。南疆阿拉尔试验点药后 30 天内 5 天有小阵雨（4 月 27 日、28 日、29 日，5 月 1 日、3 日）。试验结果显示，在南疆阿拉尔试验点，50% 丙炔氟草胺可湿性粉剂单用 8 g/ 亩以及 6～16 g/ 亩 + 33% 二甲戊灵乳油 150 g/ 亩混配使用均未见药害现象，棉花出苗、生长正常。而在北疆第六师106团试验点，50%丙炔氟草胺可湿性粉剂+33%二甲戊灵乳油混用的高剂量处理（12～16 g/亩+250 g/亩）表现出一定的药害，出苗率显著低于空白对照10%～13.5%，保苗率也相比偏低。在北疆第八师148团试验点，无论丙炔氟草胺单用还是与二甲戊灵混用，大部分处理的棉花出苗情况与空白对照相差不大，但死苗率显著高于空白对照3.8%～22.1%，保苗率偏低近8%～14%，药害明显。田间观察，药剂处理区棉花缺苗断垄较明显。产生药害的主要原因是北疆自4月下旬至5月的频繁降雨降温，导致棉花出苗缓慢，第八师148团试验点，出苗时间长达23天，致使棉芽接触和吸收了较多的除草剂，第六师106团棉花拱土出苗期恰逢连续降雨，雨后没有及时破板结，未出土棉芽被封闭在播种孔内，氧气供应不足，棉种呼吸作用受阻，无氧呼吸产生有毒物质，萌发不良再吸收过多的除草剂，导致了药害发生，棉花不出苗或死苗（图4-82）。而第一师农科所试验点所在的南疆地区相比雨水较少，天气较干燥，且棉花在气温大幅度下降前已出苗近90%（4月17日数据），苗齐苗壮抗药性强，未见药害现象。

对于茎叶处理除草剂，降雨会把除草剂从杂草叶面上冲洗掉，除草效果相应下降，降低的程度决定于施药到出现降雨之间的时间和雨量，如果施药后即下雨，药剂还没有起作用就被冲掉，则对药效的影响很大，雨量越大对药效影响也越大。

对于随水滴施除草剂来说，施药后短时间内遇大雨会带来致命的药害风险。例如，奎屯几千亩棉田滴施乙氧氟草醚后下大雨，药液反溅棉花，棉株焦枯，但灰绿藜没事，龙葵仅脱水失绿，图4-83为药后2天棉花境况。

图4-82　丙炔氟草胺在持续性低温多雨情况下导致棉花产生药害

图4-83　乙氧氟草醚随水滴施遇雨反溅致棉花焦枯

（5）风力　新疆春季大风频繁，4—5月份常出现强风天气过程，风力达6～10级或以上且持续时间较长。若施药时风力过大会造成药液雾滴随风飘移，致使药液分布不均匀，甚至漏喷，影响药效，因风力作用飘移的除草剂雾滴，还可能引发周围敏感作物产生药害（图4-84至图4-86）。此外，大风还可将表土与除草剂一起刮走，破坏药剂封闭层。风可加重土壤干旱，降低除草效果。

图 4-84 风力过大，药液飘移严重

图 4-85 大风天施药造成漏喷区域杂草丛生

图 4-86 草甘膦喷雾防除田埂杂草，雾滴飘移导致邻家地边一张膜的棉花出现药害

（五）土壤耕作与施肥

土壤耕作与施肥等管理措施会影响土壤的物理和化学性质，从而也影响到除草剂的吸附及降解，疏松多孔的土壤系统能导致强烈的吸附而降低除草效果。笔者 2019 年 6 月下旬曾看过一块正在进行人工拔草的棉田，面积有 500 亩，田间杂草基数较大，以灰绿藜为主，另有藜、龙葵、马齿苋、狗尾草等，据介绍，该棉田棉花播前采用的是 33% 二甲戊灵乳油 360 g/ 亩土壤封闭除草，结果草比棉花苗还多，头水滴施 24% 乙氧氟草醚 EC 100 g/ 亩，未见明显效果，又滴施 50% 扑草净 WP 110 g/ 亩一遍，至 6 月 24 日已人工拔草 4 次，花费 10.89 万元，经了解，之所以出现“草荒”现象，主要原因是 2 月初从电厂购买了 10 万元的粉煤灰撒到地里改良土壤，而粉煤灰具有疏松多孔的结构，比表面积一般在 2 500～5 000 cm^2/g，远远高于一般土粒的比表面积（图 4-87），从而大大增加了对除草剂的吸附作用，被吸附的除草剂失去了除草活性，整体应用效果显著下降。此外，播种时，播种机刮土板刮土较厚，会破坏土壤表层的除草剂封闭层，破碱壳、补种和重播等农事操作也会破坏药剂封闭层，从而影响除草效果。

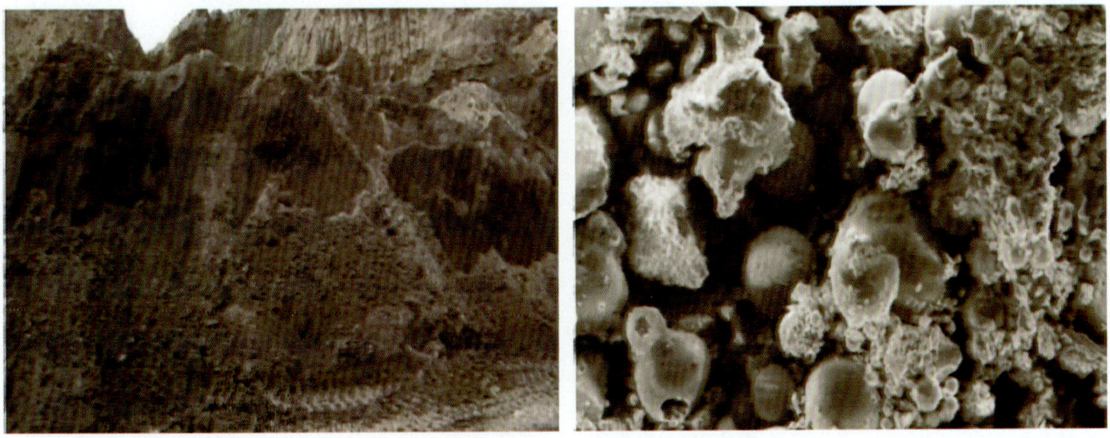

图 4-87 粉煤灰及其扫描电子显微镜照片

（六）杂草的抗 / 耐药性

在新疆龙葵发生较重的棉田，33% 二甲戊灵乳油的使用剂量大多已远超标签推荐的 150～200 mL/ 亩，尤其是北疆棉区，普遍用量在 250～350 mL/ 亩，北疆博乐地区、兵团第五师部分棉田更是高达 800～900 mL/ 亩，甚至 1 kg/ 亩，但对龙葵的防除效果仍旧不理想。2019 年中国农业科学院植物保护研究所黄红娟博士研究了采集自新疆不同棉田的 36 个龙葵种群对二甲戊灵的敏感性水平，结果发现新疆不同种群龙葵对二甲戊灵敏感性有显著差异，其中 30% 左右的龙葵种群对二甲戊灵的敏感性降低，抗性倍数高达 4 倍，表明长期单一使用二甲戊灵已导致部分龙葵种群产生了一定的抗药性，新疆棉田龙葵由一般杂草演变为主要优势杂草，与其对二甲戊灵的抗药性有一定关系（图 4-88、图 4-89）。对遗传结构进行分析表明，相对其他地区龙葵种群，新疆棉田龙葵种群具有较高的遗传多样性，这也是新疆棉田龙葵较难以防治的原因之一。

图 4-88 整株生物测定法确定龙葵敏感种群和抗性种群

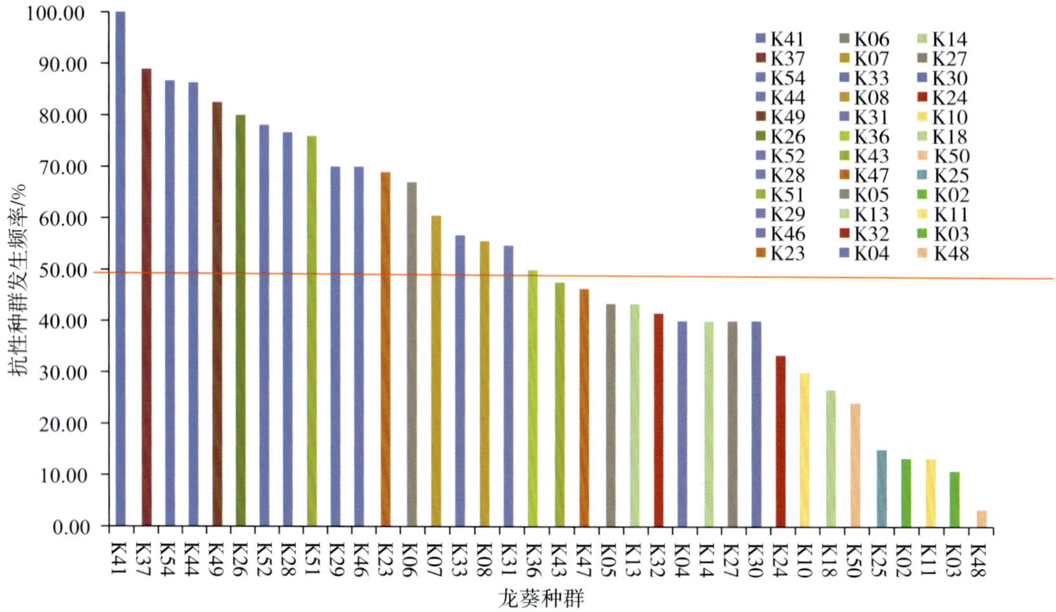

图 4-89　二甲戊灵推荐剂量下部分龙葵种群对二甲戊灵敏感性降低，抗性种群发生频率 30% 左右

耐药性是指一种杂草对除草剂固有的耐受、存活、繁衍能力，不是由于选择压或基因突变所致，是天然存在的。例如，田旋花就对除草剂具有天然耐药性，这使得田旋花极难防控。新疆农垦科学院张学坤研究表明，新疆不同植棉区田旋花对二甲戊灵的耐药水平整体偏低，但北疆兵团第六师、第七师和第八师植棉区田旋花群体已经对二甲戊灵产生了较高水平的耐药性。

此外，杂草对除草剂的抗 / 耐药性随杂草生长发育阶段不同而不同，幼嫩期的杂草抗药性较弱，赵冰梅等在进行随水滴施除草剂防除覆膜棉田杂草田间药效试验中发现，杂草草龄对防效的影响较大，草龄越小的杂草，防效越好越彻底，尤其是丙炔氟草胺处理，施药时已现蕾分叉的龙葵会在受药后致地上部茎叶枯死，但后期会从茎基部重新发出新叶，说明杂草其实并未完全死亡，而 10 叶以下的龙葵基本完全枯死。同理，幼嫩的棉花因抵抗力弱容易产生药害，采用草甘膦茎叶定向喷雾防除田旋花时，需待棉花现蕾，株高 30 cm 以上施药，此时棉花茎秆已木质化，抗药力增强相对安全。

第五章　棉田除草剂药害

除草剂对作物的药害是指由于除草剂使用方法不当、除草剂和作物本身的因素以及环境条件的异常等原因，“目标”作物、邻近作物或下茬作物的生长受到伤害的现象。因此，药害是作物对除草剂的一种敏感性反应，当作物所接受的除草剂剂量超过了其所耐受的范围，就会出现药害。相比杀虫剂、杀菌剂，除草剂要杀死的靶标杂草和要保护的作物都是植物，生理机能相类似，因此除草剂更容易导致药害。

一、除草剂药害症状

除草剂造成的药害症状具有多变性和多样性，一般由内吸性除草剂引起的药害，症状表现较慢，往往整株受害，受害严重的难以恢复，导致绝产。低温条件下表现为抑制作物生长，叶色浓绿，高温条件下造成作物徒长、贪青晚熟，对作物产量和品质影响明显。这类除草剂有草甘膦、2，4- 滴丁酯、2，4- 滴异辛酯、2 甲 4 氯、氟乐灵、仲丁灵、扑草净、氟啶草酮、乙草胺、精喹禾灵、硝磺草酮、烟嘧磺隆等。由触杀性除草剂引起的药害，症状表现快且急，作物叶片局部出现灼烧斑点、叶焦枯。若生长点未受害，可以缓解，对作物生长、产量和品质影响较小；但作物根部病害严重时药害加重，造成严重减产；如受不良环境影响，作物生长发育不良，施药过早或过晚在高温条件下会药害严重，造成减产甚至绝产。这类除草剂有草铵膦、丙炔氟草胺、乙氧氟草醚、噁草酮、乙羧氟草醚、敌草快、氟磺胺草醚等。

从外在的症状表现来看，有叶片褪色失绿、叶色深绿、叶色淡黄、植株畸形、植株茎叶焦枯、植株矮化滞长等，因药剂特性、作物种类、施药方式不同而异。同一类除草剂所引起的药害症状有相似之处，如①芳氧苯氧丙酸类除草剂，此类除草剂最先影响植物幼嫩生长组织，心叶枯黄，继而老叶发黄、变紫，然后枯死，植株生长受抑制，植株矮小。②二硝基苯胺类除草剂，此类除草剂的典型症状是根生长受抑制，根短而粗，根尖变厚，茎基或胚轴膨大，严重受害时不能出苗。③均三氮苯类除草剂、取代脲类除草剂，此类除草剂对作物药害症状表现为脉间失绿、叶缘发黄，进而叶片完全失绿、黄化、白化、组织坏死等。老叶片受害比新叶片重。④吡咯烷酮类除草剂，此类除草剂的典型药害症状是植物受害部分变白至半透明。⑤二苯醚类除草剂、N- 苯基肽亚胺类除草剂，此类除草剂的药害症状是使植物组织褐化（坏死），严重受害时，整个叶片干枯、脱落。在正常剂量下，作物叶片也会有小烧伤斑点，但对作物生长无太大的影响。⑥硫代氨基甲酸酯类除草剂，此类除草剂造成禾本科作物叶片不能从胚芽鞘中正常抽出，阔叶作物叶片畸形成杯状。

⑦酰胺类除草剂，此类除草剂的典型药害症状是幼芽扭曲折叠或不能出土，幼苗矮化、畸形。单子叶作物受害症状为心叶紧紧卷曲，不能正常展开。双子叶作物幼苗叶片皱缩成杯状，中脉缩短，叶尖向内凹。⑧联吡啶类除草剂，此类除草剂的药害症状为叶片出现灼烧斑、枯死和脱落。⑨磺酰脲类和咪唑啉酮类除草剂，此类除草剂的药害症状出现较慢，在施药后 1～2 周才逐渐出现分生组织区失绿、坏死，进而才发生叶片失绿、坏死。⑩激素类除草剂，此类除草剂的典型药害症状是畸形，如叶片皱缩、成葱叶状，茎和叶柄弯曲，抽穗困难，畸形穗。药害症状持续时间长，作物生育初期受害，在后期仍能表现出受害症状。

二、棉田除草剂药害类型

（一）当茬药害

如在棉花播前用除草剂做土壤封闭处理，氟乐灵、二甲戊灵长期过量使用，易出现蹲苗现象，棉花子叶肥大，褪绿、变黄或墨绿肥厚，真叶迟迟不展，棉株矮化、生长迟缓（图 5-1），棉苗主根或茎基部肿大，成苗后茎基部缢缩易断（图 5-2），若苗期叠加异常气候条件，全叶逐渐干枯，影响棉花出苗率，造成缺苗断垄（图 5-3）。

a　　b　　c

图 5-1　过量使用氟乐灵、二甲戊灵造成棉花子叶肥大，植株矮化、生长迟缓

a. 轻度　b. 中度　c. 重度

图 5-2　长期过量使用氟乐灵、二甲戊灵造成棉花根部或茎基部肿大、易折

图 5–3 过量使用二甲戊灵在持续低温多雨情况下造成缺苗断垄

扑草净在用药量偏大或沙性土壤高温、高湿条件下会造成棉花子叶褪色、失绿黄化和枯萎（图 5-4、图 5-5）。

图 5–4 扑草净土壤处理过量使用产生的药害症状

图 5–5 扑草净在沙石地土壤处理后遇大雨产生药害

二甲戊灵、扑草净、乙氧氟草醚三元复配或桶混组合，在超量使用的情况下，严重抑制棉苗生长（图 5-6 左）；二甲戊灵、嘧草硫醚二元复配超量使用不但棉株矮化滞长，且棉花叶片褪绿黄化（图 5-6 右）。

图 5–6　喷头流量不匀情况下造成棉苗生长受到严重抑制 / 叶片黄化

左图：二甲戊灵 + 扑草净 + 乙氧氟草醚土壤处理，下行棉苗矮簇，生长受到严重抑制

右图：二甲戊灵 + 嘧草硫醚土壤处理，下行棉花叶片黄化，生长抑制

丙炔氟草胺异常气候条件下会导致棉苗颈部缢缩、茎秆中下部水肿、叶脉紫红、生长迟缓等，造成田间大小苗现象。受害严重时棉苗死亡，田间缺苗断垄（图 5-7）。

图 5–7　丙炔氟草胺土壤处理在持续低温多雨情况下产生的药害症状

氟啶草酮超量使用叠加沙质土壤或高盐碱土壤，棉苗叶片叶脉白化、黄化并沿叶脉向周围扩张（图 5-8），氟咯草酮土壤处理在持续低温多雨情况下也会产生与氟啶草酮相似的

药害症状（图 5-9），而苯嗪草酮则造成棉苗叶肉褪绿发白，并产生枯斑（图 5-10）。

图 5-8　氟啶草酮土壤处理超量使用产生的药害症状

图 5-9　氟咯草酮土壤处理在持续低温多雨情况下产生的药害症状

图 5-10　苯嗪草酮在持续低温多雨情况下产生的药害症状

在滴水出苗模式下使用乙草胺土壤处理极易出现药害，症状表现为棉花出苗缓慢或棉花种子只发芽不出苗，出苗的子叶暗绿水浸状，苗小苗弱生长迟缓，或子叶边缘枯黄，严重的整个子叶和幼茎都呈黄褐色，直至枯萎死亡（图 5-11）。

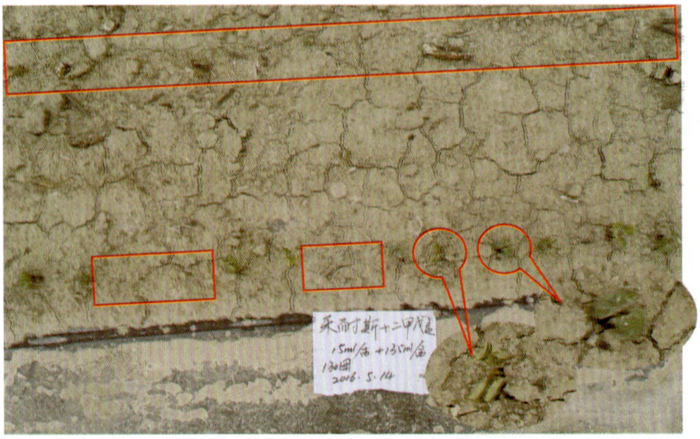

图 5-11　滴水出苗模式下乙草胺土壤处理产生的药害症状

新疆春季气候变化无常，盲目使用一些不明成分的土壤处理除草剂，造成严重的烂芽死苗（图 5-12）。

图 5-12　有效成分不明的土壤处理除草剂产生的药害症状

随水滴施乙氧氟草醚遇大雨反溅会造成棉花触杀性伤害，严重时棉株枯死（图 5-13）；随水滴施丙炔氟草胺施药技术要求较高，滴灌带漏水、地势不平、滴灌不均匀会造成棉花茎秆、叶片受药后产生触杀性药害，棉秆发红、缢缩弯曲，叶脉紫红，严重时叶片干枯，蹲苗，死苗（图 5-14、图 5-15）。随水滴施扑草净用药量偏大会导致棉花叶片叶脉失绿，严重时干枯，蹲苗，植株死亡（图 5-16）。随水滴施乙草胺，由于棉田地势高低不平，低洼处药剂量过大，造成棉花中上部叶片以及棉蕾苞叶发红，顶部叶片叶缘内卷，棉桃脱落（图 5-17）。

图 5-13　乙氧氟草醚随水滴施 2 天遇大雨反溅棉花产生的药害症状

图 5-14　丙炔氟草胺随水滴施不均匀产生的棉花药害症状

图 5-15　丙炔氟草胺随水滴施，滴灌带漏水喷溅产生的棉花药害症状

图 5-16　扑草净随水滴施，药量过大产生的棉花药害症状

图 5-17　乙草胺过量随水滴施，药量过大产生的棉花药害症状

棉花苗后茎叶喷雾嘧草硫醚或含隐性成分的精喹禾灵等药剂防除龙葵，造成棉花叶片黄化（图 5-18、图 5-19）、心叶皱缩畸形（图 5-20）；草甘膦等药剂茎叶涂抹、定向喷雾防除田旋花、扁秆荆三棱等多年生杂草，操作不当误伤棉花，造成棉花叶片干枯、心叶失绿，乃至心叶坏死，生长停滞，严重时整株枯死（图 5-21 至图 5-24）。

图 5-18　嘧草硫醚茎叶喷雾产生的棉花药害症状

图 5-19　含隐性成分的精喹禾灵（棉乐乐）茎叶喷雾产生的棉花药害症状

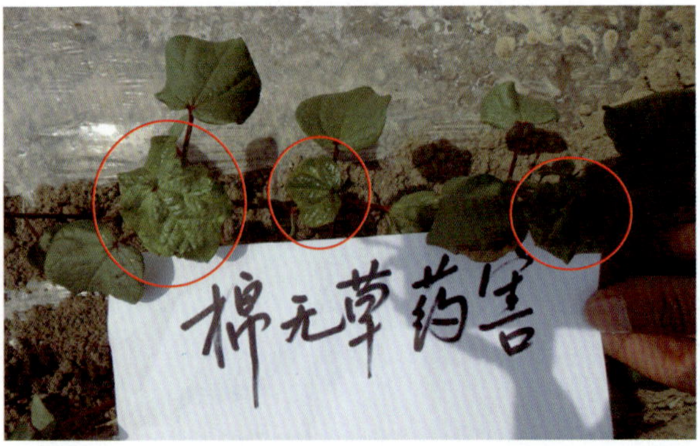

图 5-20　不明成分除草剂（棉无草）茎叶喷雾产生的棉花药害症状

图 5-21 草甘膦涂抹田旋花误伤棉花

图 5-22 草甘膦定向喷雾骆驼刺误伤棉花

图 5-23 草甘膦涂抹扁秆荆三棱误伤棉花

图 5-24 苄嘧磺隆 + 柴油涂抹扁秆荆三棱误伤棉花

转基因抗草甘膦棉花的种植可大幅度提高草甘膦的应用范围和灵活性，并提高对棉田杂草的防效。然而，在抗草甘膦棉田，不同草甘膦产品及其喷施时期和使用浓度、抗草甘膦棉花对草甘膦的耐受性及其稳定性差异等因素均会影响施药效果和棉花安全性。不当使用容易对棉花的生长发育造成不利影响，叶片产生接触性药害斑，褪绿、皱缩、畸形，落花落蕾，最终导致棉花结铃数减少、铃重降低和产量下降（图 5-25）。

图 5-25 转基因抗草甘膦棉花喷施草甘膦产生的棉花药害症状

（二）后茬药害

后茬药害主要是一些长残效除草剂因使用不当，对后茬敏感作物造成药害。例如，使用过 42% 氟啶草酮 SC（龙草净®）的棉田，后茬种植辣椒或直播番茄，苗期死苗现象严重，不能安全种植（图 5-26、图 5-27）。

图 5–26　龙草净®残留对后茬敏感作物辣椒产生药害

图 5–27　龙草净®残留对后茬敏感作物番茄产生药害

为防止杂草绿叶、浆果污染棉花，并降低来年杂草基数，部分棉农在棉花吐絮后收获前，喷施草甘膦 +2 甲 4 氯除草剂防除田旋花、龙葵、扁秆荆三棱等恶性杂草，个别棉农为追求除草效果，超量使用，造成了 2 甲 4 氯除草剂残留在土壤中，影响了后茬棉花正常生长。一棉田在喷施 2 遍脱叶剂后，采用人工背负式喷雾器大剂量定向喷雾草甘膦 +2 甲 4 氯点片除草（每壶 16 L，加入约 1.3 kg 的草甘膦和 1.35 kg 的 2 甲 4 氯），棉花采收时草死了，对机采无影响，但超量落入土壤的 2 甲 4 氯对后茬棉花造成药害（图 5-28）。

图 5-28 超量使用 2 甲 4 氯残留土壤，造成后茬棉花药害

正确对待长残效除草剂。除草剂在土壤中的残留既涉及当季除草效果和持效期，又涉及对轮作中的后茬作物的安全性。一个除草剂品种持效期过短，难以取得有效的除草效果，残效期过长，又会伤害后茬作物，导致后茬药害。42% 氟啶草酮悬浮剂（龙草净®）是近年开发的新型棉花播前土壤处理除草剂，因其对棉花出苗和生长安全，对恶性杂草龙葵防效优良，且持效期达到 60～70 天，深受棉农欢迎。2020 年在兵团某师的试验示范表明，与常规二甲戊灵单用相比，42% 氟啶草酮悬浮剂（龙草净®）+ 二甲戊灵组合可降低人工拔草费用 83.0% ～ 93.3%，亩增效益 84.0% ～ 208.3%。但氟啶草酮在土壤中的残留期较长，对后茬轮作作物存在一定的潜在药害风险。国内外针对棉田使用氟啶草酮后，对轮作作物的安全性问题做了大量研究，2016 年有人在美国阿肯色州 4 个灌溉棉区就氟啶草酮对当地常见后茬作物小麦、玉米、大豆、水稻、高粱和向日葵的安全性研究表明，小麦相对敏感，4 个试验点均产生了不同程度的药害，但最终产量没有受到明显影响。有研究评估了棉花田使用氟啶草酮后轮作玉米、高粱、花生、大豆的可行性，结果发现氟啶草酮仅对轮作作物有轻微的可见药害，并不影响作物的出苗、株高及产量。郭世俭等研究发现，不同作物对氟啶草酮的敏感性差异很大，氟啶草酮对不同作物的安全性从高到低顺序为籽用西葫芦 = 红薯 > 花生 > 油葵 > 小麦 = 打瓜 > 甜瓜 = 西瓜 = 大豆 = 玉米 > 高粱 = 水稻 > 甜菜 > 番茄 > 辣椒 = 马铃薯 = 油菜，排序越靠后，安全性越低，因此，棉田使用氟啶草酮后第二年不宜种植茄果类蔬菜，瓜类作物中除了籽用西葫芦较为安全外，西瓜和甜瓜相对较为敏感，其次是打瓜，要慎重选择种植这些作物（图 5-29 至图 5-33）。除了开展田间试验研究，近年来郭世俭等跟踪调查了大量棉农大面积自发种植的后茬小麦和油葵，发现多数是安全的，但在同一块田碱性大或沙化严重的区域会有一些药害症状，花生是较为安全的作物，近年来得到多次验证。氟啶草酮对红薯和籽用西葫芦最为安全，即使在推荐剂量下当茬种植也无明显药害（需间隔 1～2 个月）。

图 5-29　用过龙草净®的棉田第二年种植辣椒表现出严重的药害，小麦、玉米相对安全

图 5-30　龙草净®后茬春小麦（间隔 1 年）生长情况［（龙草净®40 mL+ 二甲戊灵 300 mL）亩］

图 5-31　龙草净®后茬冬小麦（间隔 1 年）生长情况［2019—2021 年连续 3 年用（龙草净®40 mL+ 二甲戊灵 200 mL）亩］

图 5-32　龙草净®后茬花生（间隔 1 年）生长情况［（龙草净®40 mL+ 二甲戊灵 300 mL）亩］

图 5-33　龙草净®后茬青储玉米生长情况（间隔 1 年）

图 5-34　龙草净®后茬制种玉米（间隔 1 年），土质为黑土，没有药害风险，产量正常

氟啶草酮在土壤中残留期的长短还与使用量、喷雾质量、土壤有机质含量、土壤质地和土壤 pH 以及土壤耕作、施肥等密切相关，特别是土壤有机质含量及质地、土壤 pH 差异较大，会造成氟啶草酮残留量不同，而表现出对后茬作物的安全性不同。有机质高的黏土地正常使用，后茬种植玉米、小麦等不受影响，但如果超量使用或沙土地、高盐碱土地

会出现玉米苗白化，小麦叶片黄化、麦苗枯死等药害现象，土质越偏沙、偏盐碱则药害风险越大，土质越偏黏性或有机质越高药害风险越低。生产中需结合实际情况，灵活而正确使用，并根据土质来确定后茬轮种作物的种植间隔期。对于油料作物，在氟啶草酮（龙草净®）推荐剂量下使用，黏土或壤土条件下，间隔 6 ~ 8 个月即可种植花生，间隔 1 年可种植大豆；在沙壤土条件下，间隔 1 年后可种植花生，间隔 1 年半后可种植大豆；沙土条件下，需间隔 2 年后可种植花生、大豆。对于粮食作物，在氟啶草酮（龙草净®）推荐剂量下使用，黏土或壤土条件下，后茬种植小麦需间隔 6 ~ 8 个月，种植玉米需间隔 1 年；在沙壤土条件下，后茬种植小麦和玉米的时间分别延长至间隔 1 年及 1 年半；而沙土情况下，得间隔 2 年后方可种植小麦、玉米（图 5-34 至图 5-38）。

图 5-35　地头过量受药龙草净®的区域后茬玉米有药害（间隔 1 年），其他正常施药区域玉米生长正常

图 5-36　龙草净®后茬制种玉米（间隔 1 年），土质：沙壤土，有 10% 的产量影响

图 5-37　龙草净®后茬花生（间隔 1 年）生长情况（碱大积水处花生黄化）

图 5-38　高盐碱地龙草净®后茬不宜种植小麦

（三）飘移药害

在农药使用过程中，离开喷头的农药雾滴或粉粒一部分沉积在作物上，一部分流失到地面，还有一部分被气流吹送到施药靶区以外，产生飘移，如图 5-39 所示。农药雾滴飘

移降低了农药在靶标上的沉积量，影响施药效果，造成环境污染，若农药雾滴挥发和飘移到敏感作物上，引起这些作物不能正常生长，产生的药害，称为飘移药害。农药飘移药害主要发生在除草剂上。

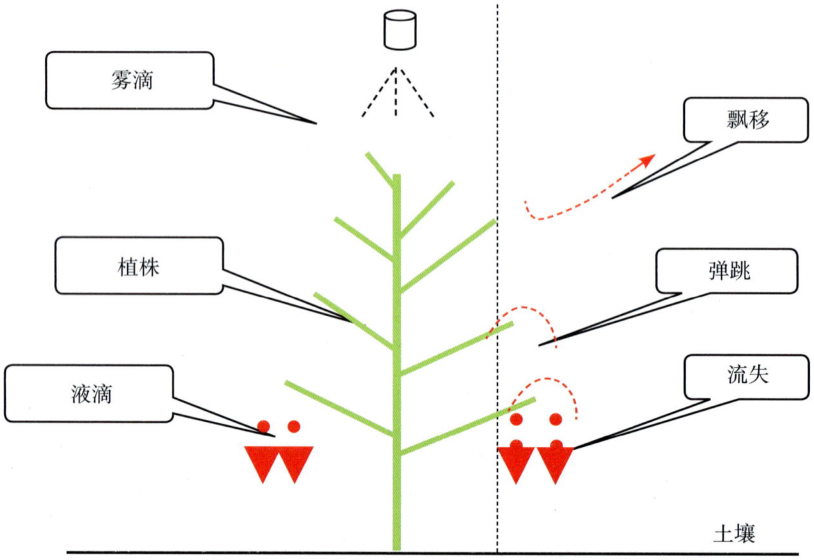

图 5-39　农药喷雾雾滴去向

农药飘移主要包括蒸发飘移和雾滴飘移，造成的药害类型有近距离飘移药害、长距离飘移药害和第二次性飘移药害。

蒸发飘移是农药蒸气的运动，有些农药具有挥发性，农药在空气中或喷洒到作物上一段时间之后会变成蒸气状态，这种蒸气会被带到其他地方，顺风飘移几千米或更远，可使邻近敏感植物受害。蒸发飘移是农药的一种状态，不是施药方法的问题。在农药喷雾过程中和喷雾后都会发生蒸发飘移。

雾滴飘移是指雾滴远离靶标区的运动。当风大到可以扬起并带走雾滴的时候，通常会发生雾滴飘移。所有农药都有可能发生雾滴飘移，小雾滴比大雾滴更容易飘移，这是因为小雾滴降落到靶标上要花费更长的时间，也就有更多的机会被气流带走。有学者测试了雾滴大小对飘移的影响，从表 5-1 可见，小于 100 μm 的雾滴最容易飘移造成损失。

表 5-1　雾滴大小对飘移可能性的影响

雾滴直径 /μm	在静止空气中降落 10 英尺（3.048 m）需要的时间
1（气雾）	28 h
10（气雾）	17 min
100（迷雾）	11 s
200（细雾滴）	4 s
400（粗雾滴）	2 s
1 000（很粗雾滴）	1 s

雾滴飘移主要有2种结果，沉降飘移和悬浮飘移，如图5-40所示。沉降飘移是指雾滴沉降在施药机械的下风方向，离喷幅边缘1～20 m或更远的距离，极有可能造成毗邻的敏感作物药害。悬浮飘移会造成空气污染和可能危害远离喷洒区的敏感作物。挥发性强的农药在发生雾滴飘移之后，当气温升高且相对湿度低时，会发生二次飘移，造成邻近敏感作物药害或进一步加深。

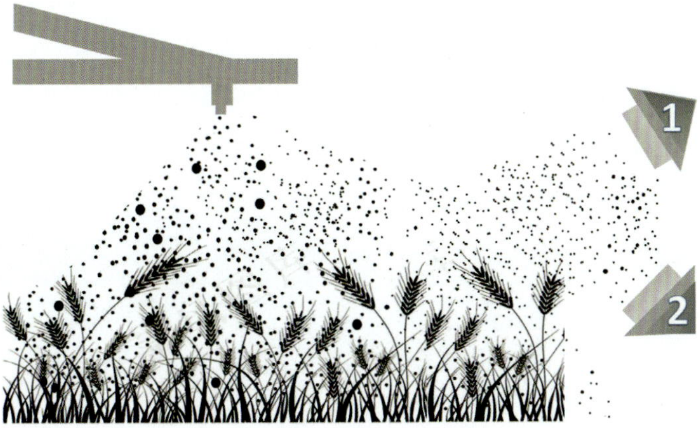

图5-40　农药雾滴的沉积与飘移

1. 悬浮飘移　2. 沉积飘移

喷杆喷雾机施药作业时，药液雾滴的飘移过程有2个阶段，第一阶段是由于机车行驶产生的气流使喷头处的细小雾滴飘移，这种小雾滴群最容易飘失，它们将在第二阶段被侧向风携带出靶标区。第一阶段主要受技术参数影响，如喷头性能、喷雾压力、喷雾高度和机车前行速度等，是操作者可以控制的，第二阶段仅受气象因素影响（如风速、风向、温湿度等）（图5-41）。

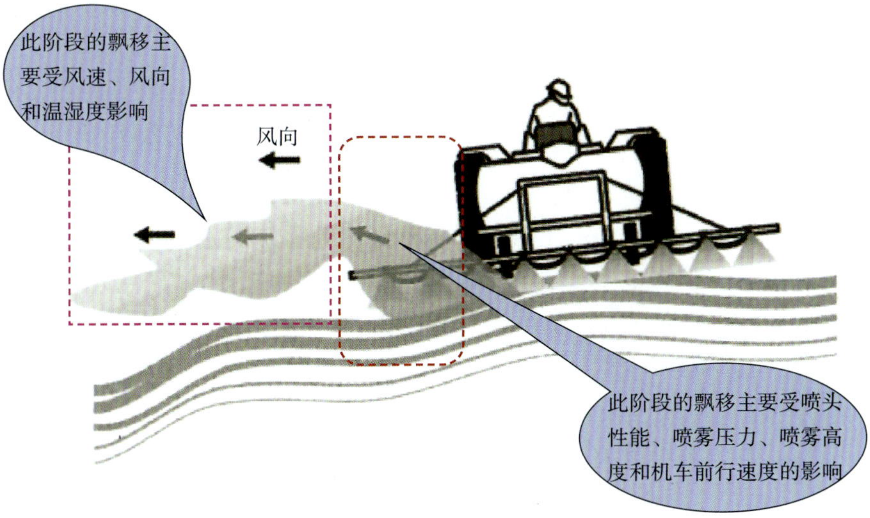

图5-41　喷杆喷雾机大田施药作业雾滴飘移

新疆棉田飘移药害常常发生在棉农在用草甘膦、2 甲 · 草甘膦、滴酸 · 草甘膦、苯嘧 · 草甘膦、三氯吡氧乙酸等或含 2，4- 滴、2 甲 4 氯成分的除草剂涂抹或定向茎叶喷雾防除棉田或周边杂草时，因风力过大、温度过高、操作不规范等原因，致使药液雾滴飘移造成附近棉花受害。棉花苗期遭受草甘膦药害后生长缓慢、叶色变黄 / 暗青、叶脉暗红，生长受到抑制，受害轻的能恢复生长，严重的变褐枯萎死亡或生长发育推迟，对产量造成严重影响。棉花成株期遭受草甘膦药害后，主要表现为植株矮小，顶芽坏死，形成多头棉，叶片褪绿变黄（草甘膦直接接触的叶面发生黄白色小斑点），或有部分叶片变红，或叶缘干枯，棉叶皱缩变小，节间缩短，果枝台数明显减少，根系不发达，白须根较少或无白须根，严重时根系呈黑褐色逐渐腐烂。药害较轻的棉株 20 天后缓慢恢复生长，但结桃少，产量低，药害重时则不结桃，甚至逐渐枯死（图 5-42）。

图 5–42　棉田内涂抹或周边茎叶喷雾草甘膦除草剂造成飘移药害

2，4- 滴丁酯和 2 甲 4 氯是选择性内吸传导激素型除草剂，主要用于小麦和玉米等禾本科作物田防除一年生和多年生阔叶杂草。棉花对含 2，4- 滴、2 甲 4 氯成分的除草剂非常敏感，当遭受其害时，茎秆扭曲畸形，顶端新生叶变厚、发脆或产生各种各样的畸形，有的如鸡爪状，有的如脚掌状，有的呈柳叶状，有的叶片缩小，小于正常叶片；花蕾铃脱落，棉铃很小或不结铃，棉花产量大幅度降低，甚至绝收。

2，4- 滴丁酯挥发性强，雾滴可在空气中飘移很远，使敏感植物受害，高温施药会促进药液的挥发而加重药害。据报道，某农场喷施 72% 2，4- 滴丁酯乳油防除芦苇，因施药时气温高，东南风大，药物飘移，造成附近 2 500 m 范围内近 5 000 亩棉花受到不同程度的药害。即便施药时没有刮风，但如果随意加大了 2，4- 滴丁酯的使用剂量，在炎热高温条件下施药，依然会导致严重的药害事故。某农场为铲除玉米田中旺盛生长的阔叶杂草，使用了较高浓度和较大剂量的2，4-滴丁酯进行喷洒，用药时天气闷热，无风，药味很大，为防止对周围棉田的影响，距地边5 m处就停止了喷洒。在喷药后的第二天，发现邻近一农户的棉田出现约10 m^2大小的受害点，棉株仅表现为叶柄弯曲，但在喷药一周后，该棉田的其他部位甚至距玉米田200 m以外的棉田也陆续出现受害症状，随着时间的推移，症状逐渐加重，距玉米田越近受害越重，达到了绝收的程度，主要原因除与除草剂超量使用有关外，与2，4-滴丁酯极强的挥发性和高温条件下施药加速药剂分子挥发扩散有直接关系，只不过无风情况下，空气流动慢，药剂分子在近地表方向缓慢扩散，药害表现逐渐显现（图5-43）。

图5-43 2甲4氯、2，4-滴丁酯、2，4-滴异辛酯除草剂飘移药害

部分农民农药知识欠缺，对农药的使用过于随意，没有认真阅读农药标签和使用说明书以及相关注意事项，误用误操作导致出现飘移药害（图5-44、图5-45）。如有农户用2甲·草甘膦和2，4-滴异辛酯防除大渠边杂草，造成附近一千多亩棉花药害，损失惨重，还有农户在棉田边焚烧过期2甲4氯农药，造成焚烧点附近棉花几近绝收，也有农户在使用含2，4-滴、2甲4氯成分的农药定向除草后，将农药包装瓶/袋随意丢弃在田间地头，一旦条件适宜（风力风向、温湿度），极易造成挥发飘移产生药害。

植保无人机近年在农作物病虫害防治中得到了快速发展。但随着新疆粮食作物种植面积的不断增加，大量出现小麦、玉米、大豆和棉花邻作现象，采用植保无人机喷施玉米、小麦苗后除草剂，药液随风飘移至棉田，使棉花遭受除草剂药害的现象频繁发生，产生较大的经济损失。作为一项新型的施药技术，植保无人机具有作业效率高、对作物伤害小、不受作物生长状态及地面状况限制等优点，且作业收费价格较低，受到广大农民的欢迎，但由于植保无人机的喷雾雾滴极小（0.1 mm），雾滴在空中飘浮的数量更多、时间更长，因蒸发飘移及雾滴飘移造成除草剂药害的风险远远大于传统施药（图 5-46 至图 5-51）。

图 5-44　玉米地除草（硝 · 烟 · 莠去津）飘移产生的棉田药害

图 5-45　玉米地除草（烟 · 莠 · 辛酰腈）飘移产生的棉田药害

图 5-46　苯磺隆无人机麦田除草飘移产生的棉田药害

图 5-47　苯磺隆 + 乙羧氟草醚无人机麦田除草飘移产生的棉田药害

图 5-48 氟吡·双唑酮无人机麦田除草飘移产生的棉田药害

图 5-49 双氟·氟氯酯无人机麦田除草飘移产生的棉田药害

图 5-50 无人机麦田飞防双氟·氟氯酯飘移棉田，最终造成棉花减产 50%～60%

图 5–51　小麦地喷施不知名除草剂造成毗邻 50 亩棉田药害

需要注意的是，尽管新疆春季防除冬麦田杂草时，棉花尚未播种或处于播后苗前期，但由于 2，4- 滴、2 甲 4 氯类除草剂可被土壤吸附且具有一定的环境稳定性，飘移降落在附近棉田土壤或地膜上的除草剂，在棉花出苗后可以随着尘土飞扬到棉花上，或在气温适宜时再次挥发引起棉苗产生药害（图 5-52）。因此，切不可为追求除草效果，盲目随意加大剂量，给棉花安全生产带来风险。

图 5–52　过量使用 2 甲 4 氯麦田除草，飘移降落邻作棉田产生药害

近年来，抗草甘膦棉花品种种植面积增加，采用无人机喷施草甘膦防除抗草棉田杂草时，除草剂飘移到非抗草甘膦的常规棉田或其他阔叶作物田引起药害（图 5-53、图 5-54）。

图 5–53　抗草甘膦棉田无人机喷施，草甘膦飘移到常规棉田造成药害

图 5-54 抗草甘膦棉田无人机喷施，草甘膦飘移到邻作番茄田造成严重药害

采用无人机喷施茎叶处理除草剂“艳阳天”套装产品防除棉田龙葵，飘移到附近西瓜地，受害西瓜新叶、次新叶发黄，枝蔓不伸展，生长点上举（图 5-55）。

图 5-55 无人机飞防棉花茎叶处理除草剂飘移到附近西瓜地造成药害（左图为正常西瓜，右图为受害西瓜）

三、药害预防

在“影响除草剂药效及安全性的因素”部分，我们了解到除草剂产生药害的原因有很多，如药剂本身的选择性、使用技术、环境条件等，针对药害产生的原因，为了有效预防和避免药害的产生，应做到以下 6 个方面。

（一）重视质量，选购正规产品

一是到信誉和口碑好、取得农药经营许可证的农药销售门店，选购正规厂家生产的在保质期内的除草剂产品。二是看标签，查验产品“三证”是否齐全。农药标签是了解并掌握正确使用农药方法的主要知识来源，也是农药依法和合理、安全使用的重要依据。通过标签，可以了解到所购除草剂产品是否合法、该除草剂的使用方法、使用范围和安全使用的有关注意事项等，对于以前从未使用过的产品或陌生企业生产的除草剂产品，登录中国农药信息网（网址：http://www.chinapesticide.org.cn/）的“数据中心”，进入“标签数据查询”，输入农药登记证号进行查询，仔细阅读标签并与实物标签和（或）说明书进行比对，内容一致再决定购买，不可轻信商家宣传，盲目购买产品包装上未附标签，标签残缺不清或者擅自修改标签内容的所谓“特效”新产品。三是判断价格是否合理，如果产品价格比一般企业的同类产品低很多，甚至低于成本价格时，就要考虑其是否为假冒伪劣产品，切不可贪便宜购买，因小失大。四是购药时索取购药凭证或发票。

（二）谨慎推广应用新除草剂

新的除草剂产品应遵循“先试验示范、后推广使用”的原则。我国幅员辽阔，不同地区之间自然条件、生态条件、种植结构、种植制度、棉田草相等差异较大，在某一地区对作物安全的除草剂在另一地区可能产生药害，某一地区安全的用药剂量在另一地区就可能影响作物生长，即便是在新疆境内，因南北跨度大，自然条件、生态条件、栽培技术等不尽相同，除草剂的使用技术也有差异，因此，新开发的除草剂，即便已取得国家农药登记，也应在当地进行充分的试验、示范和应用技术研究，取得使用经验后再由点到面，逐渐推广使用，防止为抢占市场先机，急功近利的行为。尤其是土壤处理除草剂，由于新疆春季气候多变，气温不稳定，回升慢，低温、冷害、冻害、倒春寒、连续降雨、大风等灾害频繁，更要重视不同年份间除草剂的安全性和有效性研究，为大面积推广应用提供充足的数据支撑，同时，在推广初期，加强对棉农安全用药的技术指导。

（三）加强对农资经营者和棉农除草剂科学安全使用的培训教育

强化科普教育，提高施药者素质。目前新疆基层农技服务体系还不健全，培训服务广大棉农的力量有限，大多数棉农的用药信息直接来自除草剂经销商，通过经销商的推荐和介绍来选购、使用除草剂，因此，直接与棉农面对面的农药经销商无形之中成了棉农购药、用药最直接的指导者，并在除草剂品种和质量的市场导向中起到重要的作用。对于经销商的过度依赖也反映出棉农自身农药知识的匮乏。开展有计划的培训教育，进一步提高经销商的基本农资常识和规范经营、正确推荐的法律意识、责任意识，改变棉农长期形成的错误用药、施药观点和习惯，尽快掌握农药科学使用技术，是提高除草剂使用效果，防范药害风险的标本兼治的重要举措。

（四）提高科学用药水平

（1）了解本地常用除草剂特性及其对棉花的安全性。一个除草剂品种的有效性和安全性首先取决于这个除草剂化合物本身，了解除草剂的特性特点，明确其理化性质、稳定性、杀草谱、耐药作物和敏感作物、在土壤中的运动情况和持效期以及对棉花的安全性等，可帮助我们正确选择除草剂品种，避免盲目乱混、乱配、乱用。例如，棉田周边、田埂除草时，避免选择对棉花敏感的挥发性强或（和）有飘移作用的除草剂。后茬有改种计划的龙葵重发棉田，视土质情况慎重选择含氟啶草酮成分的土壤处理剂，尤其是后茬计划种植茄果类蔬菜的棉田以及沙质土、高盐碱土棉田计划后茬种植粮油作物的不可选用含氟啶草酮成分的除草剂产品。

（2）了解施药时的环境条件与药害的关系。例如，温度、湿度、土壤质地、土壤有机质含量、土壤 pH、土壤墒情等环境因素密切影响土壤处理除草剂的活性与残留，异常的环境条件会加重除草剂药害程度。新疆春季气候多变，在除草剂的选择和使用上应首先考虑安全性，防范气候或环境条件异常时对棉花产生药害；茎叶涂抹、定向喷雾防除田间多年生恶性杂草时，要在合适的气象条件下施药作业。

（3）了解本地主要作物对不同除草剂的敏感性。不仅要了解不同除草剂对棉花的安全性，还要了解长残效除草剂在不同土壤及气候条件下，对后茬不同作物的影响，明确不同作物对长残效除草剂的敏感程度及安全种植的间隔期，避免盲目轮作倒茬使后作遭受残留药害。表 5-2 为 42% 氟啶草酮 SC（龙草净®）使用后种植不同后茬作物所需安全间隔期。需要注意的是，除草剂的残留与土壤特性密切相关，因此，在安排后茬作物时还须根据具体条件，特别是土壤质地、土壤有机质含量和土壤 pH 加以确定。

表 5-2　42% 氟啶草酮 SC（龙草净®）使用后种植后茬作物所需间隔期

土质	作物名称	间隔期（月）	备注
黏土或壤土	籽用西葫芦、红薯	1～2	深翻土壤
	花生、向日葵、打瓜、小麦	6～8	深翻土壤，若种植小麦时，需适当增加播种量（建议增加 10% 左右），并加强水肥管理，滴施海藻素、腐殖酸、氨基酸水溶肥之类的植物营养剂
	甜瓜、西瓜、玉米、大豆	12	深翻土壤
	番茄、茄子、甜菜	24	深翻土壤，必须移栽，不能直播
	辣椒	36	深翻土壤，必须移栽，不能直播
沙壤土	红薯、籽用西葫芦	6	深翻土壤
	小麦、打瓜、向日葵、花生	12	深翻土壤，若种植小麦时，需适当增加播种量（建议增加 10% 左右），并加强水肥管理，滴施海藻素、腐殖酸、氨基酸水溶肥之类的植物营养剂
	玉米、大豆	18	深翻土壤
	甜瓜、西瓜	24	深翻土壤
	番茄、茄子、甜菜	36	深翻土壤，番茄、茄子必须移栽，不能直播
沙土	籽用西葫芦、红薯	12	深翻土壤
	小麦、玉米、打瓜、向日葵、花生、大豆	24	深翻土壤，若种植小麦时，需适当增加播种量（建议增加 10% 左右），并加强水肥管理，滴施海藻素、腐殖酸、氨基酸水溶肥之类的植物营养剂
	甜瓜、西瓜	36	深翻土壤

（4）选择适宜的施药时期和用药量。例如，丙炔氟草胺防除棉花苗后龙葵应在棉花 4 叶期之后进行，草甘膦茎叶定向喷雾防除田旋花，需待棉花现蕾，株高 30 cm 以上，在该时期之前使用易出现药害。除草剂标签规定的用药量是经过多家单位在不同生态区试验得出的结果，不同环境条件或不同土壤条件下有其适宜的用药量范围，必须按照标签推荐的剂量使用，尤其是土壤处理除草剂，在沙土地使用需严格控制用药剂量，以防出现异常气候导致药害。

（5）重视施药技术，努力提高施药质量。选用性能优良的施药器械和高标准喷头。喷杆喷雾机作业时应先启动动力输出轴，然后打开送液开关；停车时，要先关闭送液开关，后切断动力。在地头转向时，动力输出轴应始终旋转，以保持喷雾液体的搅拌，但送液开关必须为关闭状态。施药作业中注意风速、风向，大风天应停止喷雾。定向喷雾增加防护装置，防止雾滴外逸。毗邻敏感作物时，选用防飘移喷头，或适当降低喷雾压力，降低喷杆高度、降低行进速度，添加促沉降、耐蒸发植物油助剂，在雾滴飘移方向上用塑料布、护罩或气流辅助设备挡住雾滴免受气流影响，留出不喷药的缓冲区等措施，均有利于减少除草剂飘移。

施药过程中遇喷头堵塞，应立即关闭截止阀，先用清水冲洗喷头，然后戴乳胶手套进行故障排除，用毛刷疏通喷孔，严禁用嘴吹吸喷头和滤网（图 5-56）。规范作业，不重喷、不漏喷。

随水滴施除草剂药前及施药过程中，检查滴灌带，不得有“跑、冒、滴、漏”现象。用于除草剂茎叶处理的背负式喷雾器应专用。

图 5–56　施药作业中应勤检查喷头有无堵塞现象，如有堵塞应立即停车清洗

（6）严格坚持标准，条件不符时不用药。药液混合不均匀时不喷药，3 级以上刮风天不喷药，30 ℃以上高温时不喷药，整地质量差时不喷药，药械检修调试不到位不喷药，滴灌带跑漏时不施药，棉田周边除草、毗邻敏感作物时慎用药。

（7）对安全性风险高的除草剂产品，要高度重视完善和优化田间应用技术。如应用土壤处理除草剂时，要严把种子质量关，还可在常规种子包衣处理的基础上，选用芸苔素内酯 + 吡唑醚菌酯、氨基寡糖素或高质量的海藻肥拌种以提高种苗活力和抗逆性。或在滴出苗水时，随水滴施含黄腐酸、聚谷氨酸等有机水溶肥，促苗强壮、均匀、早发。秋季进行耕翻、耙地以及深旋耕结合使用有机肥料，缓解长残效除草剂对后茬作物的伤害，同时加强水肥及田间管理，促进作物稳健生长。

（8）局部限制使用飘移性大的农药。

（9）目前粮棉混作区不建议用植保无人机喷施除草剂，尤其是激素类除草剂。

（五）认真清洗药械

施药作业结束后，用碱性洗液认真清洗施药器械的药罐、喷杆、连接管及喷头等接触药剂的部位，尤其是喷施过2甲4氯、2，4-滴类除草剂，因该类药剂与药械喷雾系统接触部分的结合力很强，药罐最好专用，否则须彻底清洗干净。

（六）做好用药档案记录

每次施药应记录天气状况、用药时间、药剂品种、用药量、生产企业、喷洒药液量、使用面积、防治效果、安全性等。

四、药害补救措施

棉田用药后要注意观察棉花出苗、生长发育情况，一旦发生除草剂药害，根据棉株的表现症状，及时分析引发药害的原因和时间，估测药害产生的程度，针对不同的情况，采取相应的补救措施，把药害损失降到最低。

（一）棉花播前除草剂土壤封闭处理引起的药害

一是加强中耕。棉花出苗期至幼苗期2片真叶前，如遇倒春寒、连续降雨降温天气，雨后应及时中耕松土（中耕的深度和宽度要达标），散墒增温提高土壤通气性，促进棉苗根系发育。

二是应用植物生长调节剂、杀菌剂、叶面肥等促进生长，防治棉花苗期病害。棉花子叶展平后可使用赤·吲乙·芸苔、氨基寡糖素、氨基酸、甲壳素、海藻酸类等全田叶面喷雾1～2次，间隔5天喷施1次，促进棉苗生长，提高抗逆性。

三是药害较轻，缺苗不多的棉田，可根据缺苗的具体情况，及时查苗补苗，若药害发生十分严重，根据棉花品种特性、种植模式、水情等具体情况，一般亩保苗株数低于5 000～6 000株的棉田（缺水地区的保苗率不足70%），建议重播或改种其他适当的作物。

（二）随水滴施除草剂对棉花造成的药害

药害初期，可施速效肥料或叶面喷施腐殖酸、氨基酸或磷酸二氢钾使棉花迅速得到所需的营养，促进新的叶片及蕾、花铃的生长，增加单株结铃和铃重，将药害所造成的损失降至最低。

（三）除草剂飘移药害

若少量受害，如定向喷雾或茎叶涂抹时不慎使除草剂着落棉花叶片，可及时将该叶片摘除，或及时用清水冲洗着药的棉株。一旦发生大面积药害，应及时喷施赤·吲乙·芸苔等植物生长调节剂，结合灌水滴施速效性肥料、微生物肥料或喷施腐殖酸、氨基酸、磷酸二氢钾等叶面肥或锌、铁等微量元素肥料，使棉花尽快恢复正常生长。例如，受草甘膦药害后可叶面喷施芸苔素内酯、磷酸二氢钾。遭受2，4-滴丁酯、2甲4氯钠药害可适量使用赤霉素、赤·吲乙·芸苔等，隔5～6天喷施1次，喷施完后立即灌水。

（四）后茬药害

在作物出现轻微药害症状时，采取上喷下滴措施，缓解药害，促进作物生根并增强抗逆性，尽快恢复正常生长，即叶面喷雾植物生长调节剂和叶面肥桶混组合，如芸苔素类+微量元素水溶肥，苗后滴施海藻素、腐殖酸、氨基酸水溶肥、功能性复混肥料、微生物菌剂如枯草芽孢杆菌等植物营养剂，但对于中度和重度药害则难以缓解。

第六章　机采棉田除草剂安全高效使用技术

除草剂杀除的对象是与作物共生的植物——杂草，因此，除草剂的使用技术比其他类农药更复杂，施药要求更加严格。为了最大限度地发挥除草剂的除草作用和保证对棉花的安全，应遵循分类施策的原则，因地制宜选择适宜的除草剂产品，准确把握除草剂使用剂量，规范配制药液，在有利于药效发挥的环境条件下适时、合理施药，优选施药机械，重视施药质量，确保除草高效、棉花安全和环境友好。

一、科学使用除草剂

（一）正确选择除草剂品种，合理混用和搭配使用

1. 播前土壤处理

根据田间优势杂草种类、杂草发生程度、土壤特性、土壤墒情、后作种植计划和气象条件等，有针对性地选用适宜的除草剂品种。选用两种或两种以上的除草剂混用时，应以优势互补和增效为原则，充分发挥各混用除草剂的特点，或扩大杀草谱，防除难以防治的恶性杂草，或延长药剂的持效期，提高除草剂实际应用效果，或提高对作物的安全性，实现经济、安全、高效防除杂草的目的。

（1）根据杂草发生种类、基数大小和气象预报进行选择。例如，棉花播前土壤封闭除草剂的选择，上年以龙葵为单一优势群落的棉田，宜选择对龙葵防效优良的氟啶草酮与二甲戊灵桶混（图 6-1）；以阔叶杂草为主且龙葵基数偏高的棉田，可选用氟啶草酮 + 二甲

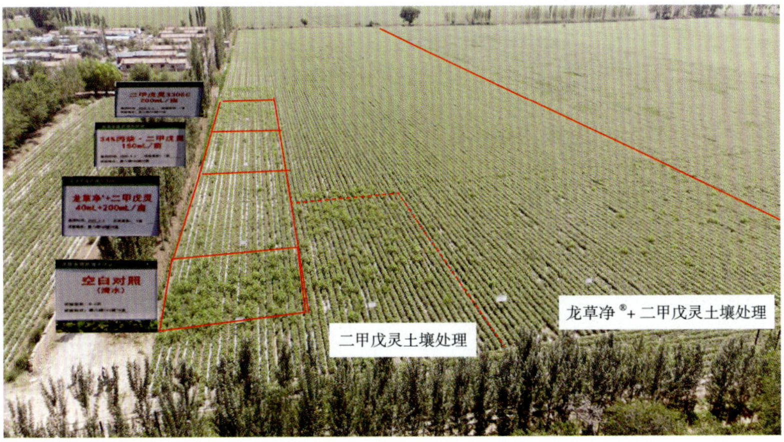

图 6–1　氟啶草酮（龙草净®）+ 二甲戊灵组合处理对该棉田杂草的防效显著优于单用二甲戊灵

戊灵或丙炔氟草胺＋二甲戊灵组合。以阔叶杂草为主但龙葵基数不高的棉田，可选择二甲戊灵＋扑草净或二甲戊灵＋乙氧氟草醚；禾阔混生且杂草基数偏低的棉田，可选用二甲戊灵、氟乐灵、仲丁灵单剂；扁秆荆三棱发生集中且以根茎繁殖为主的棉田，可选用对扁秆荆三棱有一定兼治作用的氟啶草酮与二甲戊灵桶混。

（2）根据土壤特性进行选择。下潮地、冷凉地可选用氟啶草酮＋丙炔氟草胺＋二甲戊灵；沙质土不宜使用扑草净等水溶度较高的除草剂；重度盐碱地、砂砾地不建议使用含丙炔氟草胺成分的除草剂产品。

（3）根据本年气候预报进行选择。4～5月有异常气候预报的年份，尤其是播种采用正封土方式的棉田，不建议选用含丙炔氟草胺成分的除草剂产品。

（4）根据安全轮作要求选择。龙葵发生偏重的棉田，若后茬有轮作改种计划，视土质情况慎重选择含氟啶草酮成分的土壤处理剂，尤其是后茬计划种植茄果类蔬菜的棉田以及沙质土、高盐碱土棉田计划后茬种植粮油作物的不可选用含氟啶草酮成分的除草剂产品。

2. 茎叶处理

以禾本科杂草为优势种群的棉田或防除芦苇、狗牙根等多年生杂草，可选用精喹禾灵、精吡氟禾草灵、高效氟吡甲禾灵、精噁唑禾草灵等；行间以阔叶杂草为优势种群的棉田，可选用草甘膦异丙胺盐、乙羧氟草醚茎叶定向喷雾。防除田旋花、扁秆荆三棱等多年生杂草，可选用灭生性除草剂草甘膦异丙胺盐等或某些选择性除草剂对靶定向喷雾或涂抹。田旋花重发田块可于棉花脱叶时桶混草甘膦异丙胺盐防除，或选用吡草醚，脱叶的同时兼防田旋花。

3. 随水滴施

选用已在棉田登记，且使用方法为土壤处理的除草剂品种。以稗、狗尾草等一年生禾本科杂草为主的棉田，可选用精异丙甲草胺、乙草胺；以龙葵、藜、灰绿藜等一年生阔叶杂草为主且杂草基数偏高的棉田，可选用丙炔氟草胺、扑草净等具有“封杀”双重作用的除草剂。

（二）准确把握用药量并准确称量所需除草剂用量

用药量是指单位面积上使用除草剂制剂的体积或质量。农药标签上标注了除草剂的名称、有效成分含量（除草剂产品中含有对杂草具有毒杀作用的化学成分含量）、剂型、登记作物名称和使用技术、使用方法、注意事项等，其中，登记作物和用药量一般标注在使用技术和使用方法中。

在使用除草剂之前，需仔细阅读农药标签和说明书（图6-2），根据标签推荐用量，结合棉田土壤条件、棉花生育期、杂草草龄及其发生程度、气候等具体情况，确定除草剂使用剂量。此外，还需准确核定自家棉田需要施药的面积，根据施药面积和除草剂使用剂量计算所需除草剂用量，并用专用量具量（称）取，不能凭经验估计，随意取用。

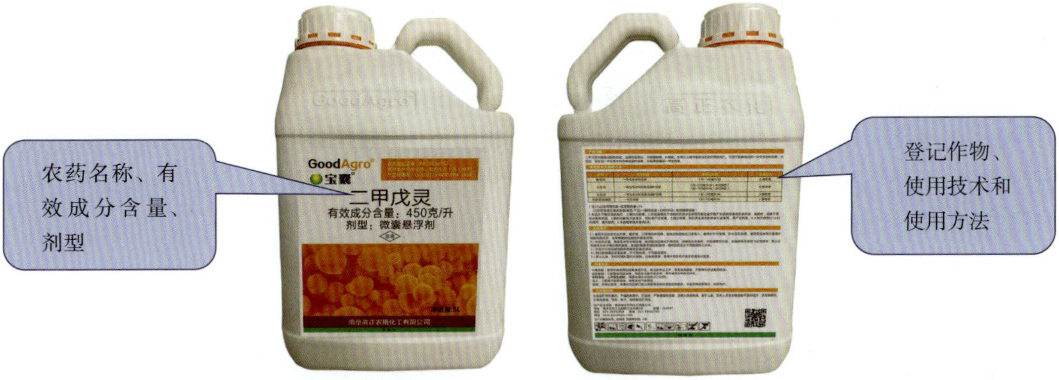

图 6-2　仔细阅读农药标签

1. 播前土壤处理

根据标签和说明书规定的施药剂量，结合土壤质地（黏土、壤土、沙土、沙壤土）、土壤墒情、土壤有机质（含量及类型）、土壤 pH（盐碱情况）以及田间杂草基数等调整除草剂使用剂量。沙质土或有机质含量低、盐碱偏重或土壤墒情好的棉田使用登记用药量的低量，土壤黏重或有机质含量超过 2% 或土壤墒情差的棉田使用高剂量，壤土和沙壤土可在登记剂量范围内根据上年杂草基数、土壤墒情、土壤 pH 灵活调整。对安全性较差的除草剂，需严格控制用药量，不可超量使用。

2. 茎叶处理

根据标签和说明书推荐的用药量，结合棉花生育期、田间杂草叶龄和气候条件等调整除草剂使用剂量，杂草叶龄小时用登记剂量的低量，杂草大、环境干旱时用高剂量。选用精吡氟禾草灵等防除芦苇、狗牙根等多年生杂草的用药剂量可适当增加，但必须进行小区试验确定最佳用量，确保对棉花的安全。

3. 随水滴施

根据标签和说明书推荐的用药量，结合土壤质地、土壤有机质含量、杂草草龄大小和棉花生育期调整除草剂使用剂量，其中，丙炔氟草胺 2～5 g / 亩（有效成分用量）、扑草净 50～75 g/ 亩（有效成分用量），由于各条田土壤条件、草龄和滴灌系统布设不同，大面积施药前必须进行小面积试验确定除草剂最适用量，确保对棉花的安全性。

（三）规范配置施药溶液，确保药液混合均匀

选用没有杂质的清水采用“二次稀释法”配制药液。先向药罐（喷雾机药罐 / 喷雾器药箱 / 施肥罐 / 专用施药机，下同）加额定容量 50% 的水，另取小桶加入适量清水，将除草剂制剂配置成“母液”，搅匀，然后将“母液”慢慢倒入药罐中，充分搅拌确保药液混匀，再将药罐加满水搅拌均匀。药液应现用现配，避免久置。配药时冲洗除草剂包装物 3 遍，冲洗液倒入药罐中直接利用。药罐内需装有搅拌装置，在配药和施药过程中持续进行药液搅拌直至接近喷洒 / 滴施完毕时才可停止。

采用随水滴施除草剂防除棉花苗后杂草，在没有专用施药机的情况下，可以借助施肥罐进行施药操作。只是相比于滴灌施肥，由于除草剂的用量很少，每亩只有几克到一百多克，更要注意药液和施药的均匀性问题。微电脑智能滴灌施肥系统是一款新型手自一体施肥设备（图 6-3），系统整体包括搅拌罐、控制柜、水肥调节 3 部分，一键式自动化搅拌，精准把控水肥比例，解决了老式压力施肥罐施肥不均等问题，能更好地满足随水滴施除草剂对药液充分混匀且缓慢匀速打入滴灌系统的技术要求。

图 6–3　微电脑智能滴灌施肥系统

（四）准确把握施药时间，选择用药最佳时机

1. 播前土壤处理

应在棉田整地回收残膜后，棉花播种前 3 天，最迟不超过 7 天（杂草出苗前）施药。

2. 茎叶处理

茎叶喷雾防除禾本科杂草在棉花 2～5 叶期，杂草基本出齐且多数处于幼苗期实施；防除芦苇、狗牙根等多年生杂草在杂草孕穗期；定向茎叶喷雾在棉花现蕾后、株高 30 cm 以上；茎叶涂抹在棉花 4 叶左右，待杂草叶面积稍大能多吸收些药剂时进行。田旋花重发条田采用脱叶剂混用草甘膦异丙胺盐防除的，于棉花吐絮期第 2 次喷施脱叶剂时进行。

3. 随水滴施

根据棉田杂草发生情况及所用除草剂，在 5 月底至 7 月上旬，大部分杂草处于幼苗期进行。选用扑草净随水滴施除草，应在棉花 8 片叶后进行，降低棉花安全风险。

（五）农艺措施紧密配合，气象条件有利施药

良好的整地质量是做好棉田杂草防除的基础。采用土壤封闭处理的棉田，务必于施药前完成整地、搂膜，达到地平、土碎、地表无植物残株、无残膜的标准（图 6-4）。施药时天气晴好，风力小于 3 级。

图 6-4 棉田除草剂土壤处理作业流程

采用随水滴施处理的棉田，地表平整度标准差应≤ 3.5 cm。滴灌带布置在窄行棉行中间或棉行旁侧约 5 cm 处，无“跑、冒、滴、漏”现象。滴水均匀性差、性能不稳定的滴灌系统以及一膜两管配置的棉田不宜使用该技术。在晴好天气且光照充足、气温较高的时段进行施药操作。

茎叶处理施药时应天气晴好，风力不大于 2 级，植株上无露水，24 h 内无降雨。风速对农药喷雾操作的影响见表 6-1。

表 6-1 风速对农药喷雾操作的影响

风级	名称	风速 /（m/s）	肉眼可观察到陆地地面物像	是否适合喷雾
0	无风	0.0～0.2	静，烟直上	适合
1	软风	0.3～1.5	烟能表示风向	适合

续表

风级	名称	风速 / (m/s)	肉眼可观察到陆地地面物像	是否适合喷雾
2	轻风	1.6～3.3	人面感觉有风，树叶有微响	适合
3	微风	3.4～5.4	树叶和小枝摇动不息	不适合除草剂，适合杀虫剂和杀菌剂
4	和风	5.5～7.9	能吹起地面灰尘和纸张，树枝摇动	不适合，禁止喷雾

6. 严格把控施药质量，均匀周到不重不漏

应选择正规厂家生产、经国家质检部门检测合格的施药器械，杜绝使用劣质不合格的低价喷头。喷杆喷雾机的喷杆上禁止混合安装不同类型的喷头，喷头总成应有防滴性能，喷杆上每个喷头在单位时间内的喷液量应均匀一致，各喷头间的喷液量误差不得超过 ± 5%，达不到要求更换喷头。在额定工作压力下进行喷雾，关闭截止阀 5 s 后，允许有 2～3 个喷头滴漏（喷幅大于或等于 12 m 为 3 个；小于 12 m 为 2 个），每个喷头每分钟滴漏液滴数不得大于 10 滴（图 6-5）；沿喷杆喷雾量分布均匀性变异系数不得大于 15%（图 6-6），对喷雾角及雾形有明显差异的喷头，应予以更换。

图 6-5　喷头滴漏液测试情况

图 6-6　沿喷杆喷雾量分布均匀性测定情况

不管是新的还是已经使用过的喷杆喷雾机，在田间作业之前，都应认真仔细的检修调试，包括药械的压力部件、控制部件。喷杆喷雾机（或喷雾器）截止阀应能够自如扳动，药液箱盖上的进气孔应畅通，各接口部分没有滴漏情况等，并对喷雾机具进行校准。影响喷雾机校准的因子有行走速度、喷幅及药液流量等。以喷杆喷雾机喷洒播前土壤处理除草剂为例：

（1）确定施药液量。喷洒播前土壤处理除草剂时，喷液量要求达到每亩 40～50 kg。对水溶度低的除草剂，为保证杂草防除效果喷液量不少于每亩 60 kg；喷洒茎叶处理除草剂时，根据所选用的施药器械类型及施药方法和该方法的技术规定，结合气象条件确定田间施药液量。

（2）计算行走速度。喷洒播前除草剂时拖拉机的行驶速度应控制在每小时 4～8 km。施药作业前，应先测定喷头流量（Q）、喷雾机有效喷幅（B），然后计算行走速度（v）。

$$v=\frac{Q}{q\times B}\times 600$$

式中：

v—喷雾机行走速度，km/h；

Q— 喷雾机全部喷头的总流量，L / min；

q— 施药液量，L / hm^2；

B— 喷雾机的喷幅，m。

若计算的行走速度过高或过低，实际作业有困难时，可适当改变施药液量，或更换喷头来调整作业速度。

（3）校核施药液量。药箱内装入额定容量的清水，以上面计算的行走速度（v）作业前进。测定喷完一箱清水时的行走距离（L），重复 3 次，取平均值。按下式校核施药液量：

$$q'=\frac{G}{B\times L}\times 10^4$$

式中：q'—实际施药液量，L/hm^2；

G—药箱额定容量，L；

B—喷雾时的有效喷幅，m；

L—喷完一箱水的行进距离，m；

q'应满足下式，并保证用药量（农药有效成分）不变。

$$\frac{q'-q}{q}\times 100\% \leqslant \pm 10\%$$

施药作业中应注意风力、风向，风力应小于 3 级。无喷幅标识装置的喷雾机喷药时应在田间设立喷幅标志、标记行走线，以免重喷或漏喷。作业时机车应匀速行进，保证喷洒均匀、不重不漏，一旦发现喷头堵塞、泄漏或其他故障及时停车排除。

施药后尽快混土，最长不超过 1 天。混土要均匀且深度适宜，可采用平土框挂带钉齿耙和耱子反斜面向前耱耙。如采用联合整地机混土，混土深度应控制在 3～5 cm（图 6-7）。

图 6–7 药后混土

除草剂采用随水滴施方式的，应在滴灌前对整个灌溉系统（包括泵、动力设备、过滤系统、田间阀门、管道系统等）进行全面检查和维护。进行滴灌施药第一阶段时，即进行管网巡查，若发现漏水现象或其他问题应及时修复处理。滴水均匀性差、滴灌系统性能不稳定以及一膜两管配置的棉田不宜使用该技术。

二、安全使用除草剂

农药属于特殊的有毒物质，农药的毒性，是指农药对人畜及其他有益生物的毒害作用的大小。农药的使用，犹如一把“双刃剑”，如果使用不当，会带来农药中毒、污染环境、作物药害及农残超标等事故的发生。除草剂作为农药的一个大类，其安全使用既要遵从农药安全使用准则，又要根据除草剂本身的特点，应用时特别注意对作物的安全性。

（一）对使用者的安全

虽然大部分除草剂属于低毒产品，但使用者仍然要注意安全防护。

（1）配制和使用除草剂人员应经过专业技术培训，具备一定的化学除草知识和技能，儿童、老人、体弱多病者和经期、孕期、哺乳期妇女不应参与除草剂配制和施药作业。

（2）称量除草剂时应在避风处操作，所有称量器具在使用后都要清洗，冲洗后的废液应在远离居所、水源和作物的地点妥善处理。用于称量农药的器皿不得作其他用途。

（3）严格保管未用完的除草剂，一般用多少购多少，如一次使用不完，应妥善保存并保证标签完好，以防错用。

（4）配制和施药作业时，应做好必要的安全防护（口、鼻、眼防护等），以免药液溅到皮肤和眼睛上，严禁用手直接接触除草剂，严禁配药、施药期间吃东西、喝水、吸烟，不得用嘴吹吸堵塞的喷头。

（二）对作物的安全

除草剂对作物的安全性包括对当季作物和后茬作物，使用不合理是产生除草剂药害的一个重要因素，详见第四章“影响除草剂药效和安全性的因素及存在问题”、第五章“除草剂药害”，认真了解除草剂的特性及其对棉花的安全性，对其他作物的选择性，避免在不合适的环境条件下施药即可达到除草增产的目的。

（三）对环境的安全

对环境的安全包括对非靶标生物的安全和对地下水、大气等自然资源的安全。非靶标生物包括畜禽、天敌、蜜蜂、鸟类、鱼类等，大部分除草剂对非靶标生物低毒。为了避免除草剂对地下水、大气等自然资源的污染，配药时需冲洗除草剂包装物 3 遍，清洗液倒入药罐（药箱）中直接利用。剩余喷雾药液或清洗施药器械的药液喷洒到预留的未施药棉田，避免污染灌溉沟渠等水源。用药结束后，做好农药包装废弃物回收工作，不得随意丢弃。

三、配套应用其他综合防除措施

化学除草是棉田杂草防除的主要手段，操作便捷，除草效率高、成本较低，但面临除草剂药害、杂草产生抗药性以及除草剂环境残留等问题。另外，棉田除草剂虽多，但可安全高效用于覆膜、滴灌植棉模式的土壤处理剂很少，且至今尚未有安全性和有效性兼具的阔叶杂草茎叶处理除草剂，而对于多年生杂草如田旋花、扁秆荆三棱等，目前既无理想的土壤处理除草剂也无理想的苗后茎叶处理除草剂。新疆干旱少雨，春季多风，对土壤封闭除草效应的发挥有一定制约。新疆棉花高密度种植，株行距小，难以利用灭生性除草剂或选择性不足的除草剂进行定向 / 半定向喷雾防除生长期杂草，不能利用空间选择杀死杂草而不伤害棉株。因此，只采用单一化学除草措施，忽视综合措施的协调应用，不仅可能影响杂草实际防除效果，也不利于杂草的可持续治理。

针对新疆机采棉田杂草发生种类、危害特点，耕作制度、栽培方式、环境条件，因地制宜地采取以化学除草为主，以农业防治、机械和人工防治等为辅的综合防治策略，有效控制棉田杂草的发生和危害，传播与蔓延。

（一）农业防除措施

（1）阻断传播途径。精选种子，清除杂草来源；使用腐熟的有机肥料，家畜粪便必须要经过 50～70 ℃高温堆沤处理，“闷死”或“烧死”混在其中的杂草种子才能使用；有选择地清除田边、路旁、沟渠边杂草，防止杂草种子飘散或随人畜活动、农机作业带入田间，或通过地下根茎向田内扩散蔓延，特别是在杂草种子尚未成熟之前应采取措施予以清除。

（2）提高地膜压草效果。棉花播种时，机械铺设地膜，膜面应紧贴地面，采光面完整，膜边垂直入土，压膜严实，若机械或人为外力损坏地膜，应及时用土封洞，以防影响除草效果。

（3）轮作倒茬。通过科学的轮作倒茬，使原来生长良好的优势杂草种群处于不利的环境条件下而减少或灭绝。例如稻棉轮作，由于稻田长期积水，可把扁秆荆三棱、刺儿菜和田旋花等多年生杂草的根茎、根芽淹死，杂草发生量可减少 80% 以上，这是防除多年生杂草的简单易行、高效彻底的办法；麦棉轮作或棉花与玉米轮作，在麦田、玉米田有效控制住难防杂草以后再种棉花，就会显著减轻棉田草害防除的压力。

（二）机械防除措施

（1）冬前深翻。棉花收获后，结合深翻整地（25～35 cm），将芦苇、刺儿菜、田旋花、扁秆荆三棱等多年生杂草的根茎切断或翻至地表，经冷冻、风刮日晒失水干枯，再结合播前整地、人工捡拾草根等可使其发生量明显降低，有效控制多年生杂草。同时可将散落于土表的杂草种子翻入土壤深层，抑制其萌发出苗，从而降低危害。

（2）播前浅犁。扁秆荆三棱严重发生地块，于棉花播种前浅耕地 15 cm，结合人工捡拾其根茎，带出田外销毁，降低杂草基数。

（3）苗蕾期中耕。机械中耕杀灭棉花膜间露地的杂草。中耕深度幼苗期 12～15 cm、苗期 15～18 cm、蕾期 8～10 cm，中耕适期为小龄杂草生长期，次数 2～3 次为宜。对耕翻至地表的扁秆荆三棱根茎人工捡拾带出田外集中处理，防止其扩散蔓延。

（三）人工除草

结合放苗、定苗等田间作业，手工拔除或使用简单农具铲除棉花种孔和膜上以及行间杂草，并及时用土封孔。优势杂草拔除最佳时间：田旋花在 5 叶期之前，扁秆荆三棱不晚于 6 月初，龙葵越早越好。对拔除的龙葵、扁秆荆三棱、田旋花等恶性杂草，应及时带出田外集中处理，以免死而复活。入秋后在杂草种子成熟前人工拔除田间草龄较大的杂草，并带离棉田，避免成熟杂草种子落入田间，增加土壤中杂草种子库，加重来年杂草防除难度。

（四）植物检疫预防控制

棉花引种时，应经检疫合格，防止危险性杂草种子随引种传入和恶性杂草的大范围扩散。加强种子田管理，杂草多的地不宜作为留种田，以防杂草混入棉花种子中。

附　录

附录一　棉田优势杂草监测技术规范

1　范围

本文件规定了机采棉田优势杂草监测调查的术语和定义、监测对象、监测内容和方法及预测预报技术。

本文件适用于机采棉田优势杂草的监测和预报。

2　规范性引用文件

下列文件中的内容通过文中的规范性引用而构成本文件必不可少的条款。其中，注日期的引用文件，仅该日期对应的版本适用于本文件；不注日期的引用文件，其最新版本（包括所有的修改单）适用于本文件。

GB/T 36197—2018/ISO 10381-2：2002　　土壤质量 土壤采样技术指南

3　术语和定义

下列术语和定义适用于本文件。

3.1　机采棉 machine-harvested cotton

利用机械采摘籽棉及采用与之相适合的配套技术所生长的棉花。

3.2　杂草 weed

在错误的时间生长在错误的地方的植物，与作物争肥、争水、争空间等，降低作物产量和影响产品质量。优势杂草指在棉田普遍发生，发生量大、防除困难、危害严重的杂草；常见杂草指在大部分棉区均有发生，易大量繁殖造成严重危害，需及时防控的杂草；一般性杂草指在局部棉区发生，对棉花危害较小的杂草。

3.3　杂草种子库 weed seed bank

存留于土壤表面及土层中的杂草种子或其营养繁殖体的总称。

3.4　密度 density

单位面积内某一种杂草的株数或种子库中某种杂草种子的数量。

3.5　田间密度 field density

某种杂草在各调查田块的平均密度之和与总调查田块数之比。

3.6　相对密度 relative density

某种杂草的田间密度占所有杂草的田间密度总和的比例或某种杂草种子的密度占杂草种子库总密度的比例。

3.7　频度 frequency

某种杂草出现的田块数占总调查田块数的百分比。

3.8　相对频度 relative frequency

某种杂草出现的频度占所有杂草频度总和的比例。

3.9　相对质量 relative weight

单位面积内某种杂草的鲜重占样方中所有杂草总鲜重的比例。

3.10　相对重要值 relative important value

用于表示某种杂草在种子库中的地位与作用。

3.11　相对优势度 relative dominance

用于表示某种杂草在群落中的地位与作用。

4　监测对象

见附表 A。

5　工具准备

卷尺、计数器、记录纸、记载表、标签、记号笔、铅笔、GPS 定位仪、小铲、枝剪、直径 3 cm 的圆筒形土壤取样器、取样袋（各色塑料密封袋）、样方框（边长为 50 cm 的正方形取样框）、电子天平等。

6　监测内容及方法

6.1　土壤中杂草种子监测

6.1.1　调查时间

春季棉田整地待播后至除草剂土壤封闭处理前，杂草种子未萌动时进行取样调查。

6.1.2　调查地点

根据当地地理条件、棉花种植布局，选择有代表性的田块 5 块。

6.1.3　调查方法

采用倒置“W”九点取样法（附图 1）对样点土壤杂草种子库进行调查。每块田取 9 个样点，每个样点用直径 3 cm 的圆筒形土壤取样器取 15 cm 深的土层，分为 0～5 cm、5～10 cm、10～15 cm 共 3 层，或用样方框，各层取样深度为 5 cm。将 9 样点同一深度土层的土壤均匀混合，分别装入塑料袋。将每块调查棉田的各层土壤分别平铺在面积 25 cm^2 的方形塑料盒中，厚度约为 2 cm。保持土样在杂草种子发芽最适合的温度、湿度、光照条件下，待杂草出苗后，定期调查记录杂草幼苗种类和数量，记录后拔除，直至杂草不再出苗。调查数据填入附表 B 和附表 C。

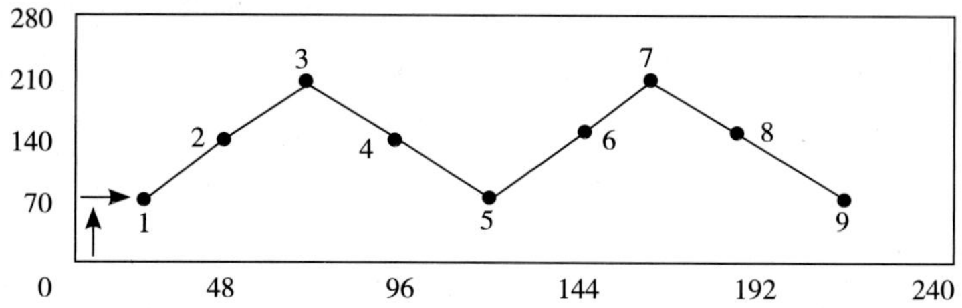

附图 1　倒置“W”9 点取样示意图

6.1.4　统计公式

杂草种子库统计结果以各样点土壤中有活力种子为准，种子库密度为 1 m^2 面积内的种子数量。

6.1.4.1　密度计算公式：

$$D=\frac{N}{S}$$

式中：

D—密度，粒 /m^2；

N—杂草种子（营养繁殖体）数量，粒（个）；

S—单位面积，m^2。

6.1.4.2　相对密度计算公式：

$$\text{RD}=\frac{\text{某种杂草种子密度}}{\text{种子库总密度}}\times 100\%$$

6.1.4.3　频度计算公式：

$$F=\frac{\sum_{1}^{n}Y_i}{n}\times 100\%$$

式中：

F—频度；

n—调查田块数；

Y_i—某种杂草在调查田块 i 中发生与否，发生记为 1，未发生则为 0。

6.1.4.4　相对频度计算公式：

$$\text{RF}=\frac{\text{种子库中某杂草出现的频度}}{\text{所有杂草频度之和}}\times 100\%$$

6.1.4.5　相对重要值计算公式：

$$\text{RI}=\frac{\text{RD+RF}}{2}$$

式中：

RI—相对重要值，%；

RD—相对密度，%；

RF—相对频度，%。

6.2　田间杂草发生监测

6.2.1　定点监测

6.2.1.1　调查时间

春季棉田杂草出苗后至秋季棉花收获后。

6.2.1.2　调查地点

在监测区域，选择有代表性的地块作为固定监测点，田间监测点分布采用倒置“W”九点取样法，每个样点调查面积 0.25 m^2。

6.2.1.3　调查方法

春季自棉田杂草出苗后每 7 天调查一次，详细记录样点内杂草种类和各类杂草的株数（禾本科以杂草茎秆数为单位，其他科杂草以株数为单位，前茬作物的自生苗也需计为杂草），每次调查后将样方内所有的杂草拔除，以分析棉田各类杂草的出土规律，调查数据填入附表 B。覆膜棉田需揭膜统计调查（揭膜面积需大于调查面积），调查完成后将薄膜覆盖四周封土以保证田间杂草实际生长状况。记载所调查地块的前茬作物、土壤类型等其他资料。

6.2.2　大田普查

6.2.2.1　普查时间

选择在棉花苗蕾期、花铃期和吐絮期进行调查。

6.2.2.2　调查地点

同 6.1.2。

6.2.2.3　调查方法

采用倒置“W”九点取样法规划取样点，调查者在到达大致取样区域时，随机掷出样方框，确定取样点，统计取样点的样方框内全部杂草的种类及数量（禾本科以杂草茎秆数为单位计数，其他科杂草以株数为单位计数，前茬作物的自生苗也需计为杂草），将样方框内所有杂草地上部分称取鲜重，调查数据填入附表 C。覆膜棉田需揭膜统计调查（揭膜面积需大于调查面积），调查完成后将薄膜覆盖四周封土以保证田间杂草实际生长状况。计算杂草发生密度、田间密度、相对密度、频度、相对频度、相对质量以及相对优势度，填入附表 D，记载调查地块的前茬作物、土壤类型等其他资料。

6.2.3　统计公式

密度、田间密度、相对密度、频度、相对频度、相对质量、相对优势度、相对重要值按以下公式计算。

6.2.3.1　密度计算公式：

$$D=\frac{N}{S}$$

式中：

D—密度，株 /m^2；

N—杂草株数，株；

S—单位面积，m^2。

6.2.3.2 田间密度计算公式：

$$\mathrm{MD}=\frac{\sum_1^n D_i}{n}$$

式中：

MD—田间密度；

n—调查田块数；

D_i—某种杂草在调查田块 i 中的平均密度，株 /m^2。

6.2.3.3 相对密度计算公式：

$$\mathrm{RD}=\frac{\text{某种杂草田间密度}}{\text{各种杂草田间密度之和}}\times 100\%$$

6.2.3.4 频度计算公式：

$$F=\frac{\sum_1^n Y_i}{n}\times 100\%$$

式中：

F—频度，%；

n—调查田块数；

Y_i—某种杂草在调查田块 i 中发生与否，发生记为 1，未发生则为 0。

6.2.3.5 相对频度计算公式：

$$\mathrm{RF}=\frac{\text{某种杂草出现的频度}}{\text{所有杂草频度之和}}\times 100\%$$

6.2.3.6 相对质量计算公式：

$$\mathrm{RW}=\frac{\text{样方中某种杂草的鲜重}}{\text{样方中杂草总鲜重}}\times 100\%$$

6.2.3.7 相对优势度计算公式：

$$\mathrm{RA}=\frac{\mathrm{RD}+\mathrm{RF}+\mathrm{RW}}{3}$$

式中：

RA—相对优势度，%；

RD—相对密度，%；

RF—相对频度，%；
RW—相对质量，%。

7 预测预报

7.1 预报时期

每年年底或下年初发布草害发生长期预报，不定期发布中短期预报。

7.2 预报依据

主要依据包括：土壤杂草种子库及田间杂草发生危害情况、杂草出土规律；种植制度、棉花栽培方式、土壤条件和天气预报。

7.2.1 土壤杂草种子库及田间杂草发生情况

土壤杂草种子库是棉田杂草发生的根源，种子库的动态变化是草相消长演替的依据。

7.2.2 种植制度

种植制度影响土壤杂草种子库的输入与输出状态，进而影响到杂草种子库组成结构和寿命。旱连作棉田，以旱生性杂草为主要种群，如前茬是南瓜、酱用番茄等因生长季不进行化学除草，后茬棉田龙葵严重发生。水旱轮作棉田，多年生杂草如扁秆荆三棱的危害降低，但随着水改旱种植年限的延长，喜旱性杂草及多年生杂草的优势度值逐渐提高。

7.2.3 栽培方式

采用地膜覆盖 + 膜下滴灌栽培方式，使杂草的发生期提前且有多个萌发高峰期。滴灌棉田狗尾草、藜、灰绿藜、龙葵、反枝苋和凹头苋等喜旱性杂草优势逐渐增强。干旱地区覆膜植棉具有增温、保墒、抑盐的作用，有利于棉花苗期田间杂草发生；及时用土压实封严因人为作业、风刮等破坏的地膜对棉田杂草具有很好的控制效果。

7.2.4 耕作方式

耕作方式的不同会影响棉田杂草种子库的大小、组成以及种子在土壤中的垂直分布。秋季耕翻 45 cm 以上的棉田，浅土层杂草种子密度降低，杂草发生量减少。田间中耕作业影响部分杂草的发生。

7.2.5 土壤条件

土壤墒情影响杂草的萌发和生长。干旱年份，杂草发生轻。滴灌棉田不能保证水分正常供给情况下，杂草萌发高峰期推迟。土壤盐渍化严重的棉田，有利于灰绿藜、藜、反枝苋等具有较高耐盐性杂草的发生。棉田土壤有机质含量过高影响土壤封闭化除效果。

7.2.6 天气预报

温度是影响种子萌发的重要因素之一，在一定的温度范围内，随着温度的升高会促进种子的萌发，但是超出这一温度范围，过高或者过低的温度均会抑制种子的发芽率和发芽速率，尤其对于覆膜棉田，4～5 月遇高温天气过程不利于杂草萌发。降雨有利于杂草萌芽生长。

7.3 杂草危害性预测

以杂草的发生频度、相对优势度和防治难度作为棉田杂草危害的评价指标，通过杂草综合危害度公式，计算获得每种杂草的综合危害度。根据综合危害度进行杂草综合危害评级，将棉田杂草划分为 3 种类型，即优势杂草、常见杂草和一般性杂草，参照附录 E 棉田杂草危害评价与分级指标，做出杂草危害性预测。

7.4　发生高峰期预测

根据本地杂草出土规律、天气预报（气温、降雨等）、土壤墒情、水情及中耕等田管措施等因素综合分析，预测杂草发生高峰期。

7.5　发生量预测

根据土壤杂草种子库密度、种植制度、土壤墒情、当年的水情，结合本地天气预报及上年田间杂草发生情况等因素综合分析，预测杂草发生量。

附表 A　棉田常见杂草种类

杂草类群	科名	杂草名称	生长习性	繁殖方式
阔叶杂草	茄科	龙葵 *Solanum nigrum* L.	一年生草本	种子
		红果龙葵 *Solanum Villosum* Miller	一年生草本	种子
		曼陀罗 *Datura stramonium* L.	一年生草本	种子
		番茄 *Solanum lycopersicum* L.	一年生或多年生草本	种子
	藜科	灰绿藜 *Chenopodium glaucum* L.	一年生草本	种子
		藜 *Chenopodium album* L.	一年生草本	种子
		小藜 *Chenopodium ficifolium* Sm.	一年生草本	种子
		猪毛菜 *Salsola collina* Pall.	一年生草本	种子
		地肤 *Kochia scoparia*（L.）Schrad.	一年生草本	种子
		盐生草 *Halogeton glomeratus*（Bieb.）C.A.Mey.	一年生草本	种子
		碱蓬 *Suaeda glauca*（Bunge）Bunge	一年生草本	种子
		西伯利亚滨藜 *Atriplex sibirica* L.	一年生草本	种子
		滨藜 *Atriplex patens*（Litv.）Iljin	一年生草本	种子
	苋科	反枝苋 *Amaranthus retroflexus* L.	一年生草本	种子
		凹头苋 *Amaranthus blitum* L.	一年生草本	种子
		白苋 *Amaranthus albus* L.	一年生草本	种子
	旋花科	田旋花 *Convolvulus arvensis* L.	多年生草本	种子、根茎
		打碗花 *Calystegia hederacea* Wall.	一年生草本	种子
		圆叶牵牛 *Ipomoea purpurea* Lam.	一年生草本	种子
		菟丝子 *Cuscuta chinensis* Lam.	一年生草本	种子

续表

杂草类群	科名	杂草名称	生长习性	繁殖方式
阔叶杂草	锦葵科	苘麻 *Abutilon theophrasti* Medicus	一年生草本	种子
		野西瓜苗 *Hibiscus trionum* L.	一年生草本	种子
	菊科	苦苣菜 *Sonchus oleraceus* L.	一年生或二年生草本	种子
		苣荬菜 *Sonchus wightianus* DC.	多年生草本	种子、根茎
		苍耳 *Xanthium strumarium* L.	一年生草本	种子
		花花柴 *Karelinia caspia*（Pall.）Less.	多年生草本	种子、根茎
		刺儿菜 *Cirsium arvense* var. *integrifolium* Wimm.& Grab.	多年生草本	种子、根茎
		蓟 *Cirsium japonicum* Fisch. ex DC.	多年生草本	根茎、种子
		小蓬草 *Erigeron canadensis* L..	一年生草本	种子
		风毛菊 *Saussurea japonica*（Thunb.）DC.	二年生草本	种子
		蒲公英 *Taraxacum mongolicum* Hand.-Mazz.	多年生草本	种子
		藏蓟 *Cirsium arvense* var. *alpestre* Nägeli	多年生草本	根茎、种子
		黄花蒿 *Artemisia annua* L.	一年生草本	种子、枝条
		乳苣 *Lactuca tatarica*（L.）C. A. Mey.	多年生草本	种子
	马齿苋科	马齿苋 *Portulaca oleracea* L.	一年生草本	种子
	豆科	甘草 *Glycyrrhiza uralensis* Fisch.	多年生草本	种子
		骆驼刺 *Alhagi sparsifolia* Shap.	多年生草本	种子、根蘖
		苦豆子 *Sophora alopecuroides* L.	多年生草本	种子、根茎
	榆科	榆树（幼苗）*Ulmus pumila* L.	多年生乔木	种子、分蘖
	蒺藜科	蒺藜 *Tribulus terrestris* L.	一年生草本	种子
		骆驼蓬 *Peganum harmala* L.	多年生草本	种子
		驼蹄瓣 *Zygophyllum fabago* L.	多年生草本	种子
	十字花科	播娘蒿 *Descurainia sophia*（L.）Webb ex Prantl	一年生或二年生草本	种子
		独行菜 *Lepidium apetalum* Willd.	一年生或二年生草本	种子
		菥蓂 *Thlaspi arvense* L.	一年生草本	种子
		荠 *Capsella bursa-pastoris*（L.）Medic.	一年生或二年生草本	种子

续表

杂草类群	科名	杂草名称	生长习性	繁殖方式
阔叶杂草	十字花科	沼生蔊菜 *Rorippa palustris*（L.）Besser	一年生或二年生草本	种子、分根
		宽叶独行菜 *Lepidium latifolium* L.	多年生草本	种子
		群心菜 *Cardaria draba*（L.）Desv.	多年生草本	种子
	玄参科	野胡麻 *Dodartia orientalis* L.	多年生草本	种子
	大戟科	地锦草 *Euphorbia bumifusa* Willd. ex Schlecht	一年生草本	种子
	葫芦科	西瓜 *Citrullus lanatus*（Thunb.）Matsum. et Nakai	一年生蔓生藤本	种子
	蓼科	萹蓄 *Polygonum aviculare* L.	一年生草本	种子
	桔梗科	蓝花参 *Wahlenbergia marginata*（Thunb.）A.DC.	多年生草本	种子
	柽柳科	多枝柽柳 *Tamarix ramosissima* Ledeb.	多年生灌木	种子、枝条
	紫草科	鹤虱 *Lappula myosotis* Moench	一年生或二年生草本	种子
	车前科	车前 *Plantago asiatica* L.	二年生或多年生草本	种子
	木贼科	节节草 *Equisetum ramosissimum* Desf.	多年生蕨类	种子、分株、枝条
	唇形科	野薄荷 *Mentha canadensis* L.	多年生草本	种子、根茎
禾本科杂草	禾本科	狗尾草 *Setaria viridis*（L.）P. Beauv.	一年生草本	种子
		稗 *Echinochloa crus-galli*（L.）P. Beauv.	一年生草本	种子
		芦苇 *Phragmites australis*（Cav.）Trin. ex Steud	多年生草本	根茎、种子
		狗牙根 *Cynodon dactylon*（L.）Pers.	多年生草本	种子、根、茎
		虎尾草 *Chloris virgata* Sw.	一年生草本	种子
		马唐 *Digitaria sanguinalis*（L.）Scop.	一年生草本	种子
		牛筋草 *Eleusine indica*（L.）Gaertn.	一年生草本	种子
		黑麦草 *Lolium perenne* L.	多年生草本	种子
		野燕麦 *Avena fatua* L.	一年生草本	种子
		画眉草 *Eragrostis pilosa*（L.）Beauv.	一年生草本	种子、枝条、根茎
		蔺状隐花草 *Crypsis schoenoides*（L.）Lam.	一年生草本	种子
莎草科杂草	莎草科	扁秆荆三棱 *Bolboschoenus planiculmis*（F. Schmidt）T.V. Egorova	多年生草本	种子、根茎

附表 B　棉田杂草土壤种子库调查表

调查人：　　　　　　　　　　　　　　　　　　　　　　　调查日期：　年　月　日

调查地点				经纬度		
土壤类型				肥力水平		
覆膜与否				灌溉方式		
面积				前茬作物		
样点	杂草种类	不同深度杂草密度 /（粒 /m^2）			总计 /（粒 /m^2）	百分比 /%
		0～5 cm	5～10 cm	10～15 cm		
1	龙葵					
	灰绿藜					
	藜					
	小藜					
	反枝苋					
	凹头苋					
	田旋花					
	苘麻					
	野西瓜苗					
	苦苣菜					
	苣荬菜					
	苍耳					
	花花柴					
	刺儿菜					
	蓟					
	马齿苋					
	稗					
	狗尾草					
	芦苇					
	扁秆荆三棱					
	……					

附表 C 棉田杂草种类调查表

调查人： 调查日期： 年 月 日

调查地点		经纬度		面积	
土壤类型		肥力水平			
覆膜与否		灌溉方式			
前茬作物		棉花生育期			

	杂草种类	样方内杂草数量 /（株 / 样方）比鲜质量 /（g/ 样方）									备注
		1	2	3	4	5	6	7	8	9	
样点	龙葵										
	灰绿藜										
	藜										
	小藜										
	反枝苋										
	凹头苋										
	田旋花										
	苘麻										
	野西瓜苗										
	苦苣菜										
	苣荬菜										
	苍耳										
	花花柴										
	刺儿菜										
	蓟										
	马齿苋										
	稗										
	狗尾草										
	芦苇										
	扁秆荆三棱										
	……										

附表 D　棉田杂草发生统计表

调查地点				经纬度		面积	
土壤类型				肥力水平			
覆膜与否				灌溉方式			
前茬作物				棉花生育期			
杂草名称	密度 /（株 /m^2）	田间密度 /（株 /m^2）	相对密度 /%	频度 /%	相对频度 /%	相对质量 /%	相对优势度 /%

附录E 棉田杂草危害评价与分级指标

以杂草的发生频度、相对优势度和防治难度作为棉田杂草危害的3个评价指标，通过杂草综合危害度公式，获得每种杂草的综合危害度，进行杂草发生危害程度分级。

1 发生频度

杂草的发生频度进行整数离散型赋值，分为三个等级：

a）出现频度低于10%定义为低频度，赋值1分；

b）出现频度介于10%～50%定义为中频度，赋值2分；

c）出现频度高于50%的定义为高频度，赋值3分。

2 相对优势度

对杂草相对优势度进行整数离散型赋值，分为三个等级：

a）优势度低于1%定义为低生长优势度，赋值1分；

b）优势度介于1%～10%定义为中生长优势度，赋值2分；

c）优势度高于10%定义为高生长优势度，赋值3分。

3 防治难度

通过实施杂草化学防治、农业防治、人工除草和机械除草（中耕）等方式，使杂草危害控制在较低水平所需要的工作强度和耗费的成本。

根据杂草防治难易程度进行整数离散型赋值，将防治难度分为三个等级：

a）通过一次除草剂土壤处理或者人工除草、机械除草（中耕）方式或者通过茎叶处理即可消除的杂草，其防治难度定义为容易，赋值1分；

b）通过一次除草剂土壤处理不能获得理想防效，后续通过人工除草、机械除草（中耕）方式可消除的杂草，其防治难度定义为一般，赋值2分；

c）通过一次除草剂土壤处理防除效果很差，补充人工除草、机械除草（中耕）方式不能彻底消除的杂草或喷施具选择性的内吸传导型除草剂（如草甘膦）不能彻底灭除的杂草，其防治难度定义为困难，赋值3分。

4 综合评价方法

4.1 计算公式

根据发生频度、相对优势度、防治难度计算杂草的综合危害度，计算公式为：

综合危害度 = 0.2 × 发生频度 + 0.5 × 相对优势度 + 0.3 × 防治难度。

4.2 评级阈值

根据杂草的综合危害度进行杂草综合危害评级，评级阈值如下：

a）当0 <综合危害度≤ 1.5，该杂草的综合危害评级为一般性杂草；

b）当1.5 <综合危害度≤ 2.5，该杂草的综合危害评级为常见杂草；

c）当2.5 <综合危害度≤ 3，该杂草的综合危害评级为优势杂草。

附录二　棉田土壤封闭除草技术规范
（DB 65/T 4415—2021）

1　范围

本文件规定了机采棉田土壤封闭除草剂的选择、配制、使用以及施药后的处理和除草剂药害预防技术要求。

本文件适用于指导和规范机采棉田播前土壤封闭除草。

2　规范性引用文件

下列文件中的内容通过文中的规范性引用而构成本文件必不可少的条款。其中，注日期的引用文件，仅该日期对应的版本适用于本文件；不注日期的引用文件，其最新版本（包括所有的修改单）适用于本文件。

NY/T 1997—2011　除草剂安全使用技术规范　通则

DB65/T 3979—2017　机采棉田机械施药技术规范

3　术语和定义

下列术语和定义适用于本文件。

3.1　机采棉 machine-harvested cotton

利用机械采摘籽棉及采用与之相适合的配套技术所生长的棉花。

3.2　土壤封闭 soil sealing

将除草剂用喷雾的方法，施到土壤表层或通过混土操作把除草剂拌入土壤中一定深度，形成一个除草剂封闭层，在杂草萌发穿过封闭层的过程中使杂草受害，抑制生长或死亡。

3.3　桶混 tank mixing

在田间根据农药标签和说明书，把两种或两种以上不同农药分别按比例加入药箱中混匀后使用。

3.4　除草剂药害 herbicide injury

除草剂使用后致使当茬作物、邻近作物或后茬作物受害，影响其生长，最终导致作物品质降低、减产或绝收的现象。

4　主要防除对象

4.1　一年生阔叶杂草

龙葵 *Solanum nigrum* L.、灰绿藜 *Chenopodium glaucum* L.、藜 *Chenopodium album* L.、小藜 *Chenopodium ficifolium* Sm.、反枝苋 *Amaranthus retroflexus* L.、凹头苋 *Amaranthus blitum* L.、猪毛菜 *Salsola collina* Pall.、地肤 *Kochia scoparia* (L.) Schrad.、碱蓬 *Suaeda glauca* (Bunge) Bunge、苘麻 *Abutilon theophrasti* Medicus、野西瓜苗 *Hibiscus trionum* L.、苦苣菜 *Sonchus oleraceus* L.、苍耳 *Xanthium strumarium* L.、马齿苋 *Portulaca oleracea* L.、藏蓟 *Cirsium arvense* var. *alpestre* Nägeli。

4.2 多年生阔叶杂草

田旋花 *Convolvulus arvensis* L.、苣荬菜 *Sonchus wightianus* DC.、花花柴 *Karelinia caspia* (Pall.) Less.、刺儿菜 *Cirsium arvense* var. *integrifolium* Wimm. & Grab.、蓟 *Cirsium japonicum* Fisch.ex DC.、榆树（幼苗）*Ulmus pumila* L.。

4.3 一年生禾本科杂草

狗尾草 *Setaria viridis* (L.) Beauv.、稗 *Echinochloa crus-galli* (L.) P. Beauv.。

4.4 多年生禾本科杂草

芦苇 *Phragmites australis* (Cav.) Trin.ex Steud。

4.5 莎草科杂草

扁秆荆三棱 *Bolboschoenus planiculmis* (F.Schmidt) T.V.Egorova。

5 除草剂的选择

5.1 选用已在棉花田登记，且使用方法为土壤喷雾的除草剂品种，并按农药标签和说明书规定的用药量、使用技术要求和注意事项使用。

5.2 根据田间杂草发生种类、危害以及种植方案，选择适宜的除草剂产品。除草剂选用原则见附录 A，推荐使用的除草剂见附表 B。

6 除草剂的配制

6.1 配制前准备

6.1.1 配制除草剂之前应阅读产品标签和说明书，根据标签和说明书的推荐制剂量，结合土壤质地、土壤墒情和土壤有机质含量调整除草剂使用剂量，除草剂推荐制剂量见附录 B。

6.1.2 根据施药面积和除草剂使用剂量计算所需除草剂用量。

6.1.3 根据除草剂用量、配制方法、施药器械及用水量要求，准备量取和配制除草剂的器皿、容器。

6.2 配制方法

6.2.1 采用“二次稀释法”配制药液。

6.2.2 用专用量具量（称）取除草剂产品。

6.2.3 选择清水配制除草剂。

6.2.4 先用少量水将除草剂产品稀释成母液，然后在药箱中加入额定容量 50% 的水，倒入母液，同时进行回水搅拌，再加足所需的水，充分搅拌确保药液混匀。

6.2.5 药液应现用现配，避免久置，短时存放时，应密封并安排专人保管，施药作业前需再次搅拌均匀。

6.3 安全操作

6.3.1　量取和称量除草剂时，应在避风处操作。

6.3.2　除草剂在使用前应始终保存在其原包装中。在量取除草剂后，封闭原除草剂包装并将其安全贮存。

6.3.3　配药时应远离水源，严防污染饮用水源和畜禽误食。

6.3.4　配药时冲洗除草剂包装物 3 遍，倒入药罐中直接利用，并将除草剂包装废弃物分类就近交回农药经营者，不得随意丢弃。

6.3.5　配药所用称量器具在使用后都要清洗，不得作他用。应在远离居民点、水源的地点处理冲洗废液。

7　除草剂的使用

7.1　施药器械

7.1.1　使用喷杆喷雾机械。喷雾机械的选择应符合 DB 65/T 3979—2017 的规定。

7.1.2　在喷雾机的喷杆上，禁止混合安装使用不同类型的喷头。

7.1.3　喷杆喷雾机械的喷雾设备工作压力 0.2～0.3 MPa。

7.1.4　喷杆喷雾机行走速度控制在 4～8 km/h。

7.1.5　药箱内有射流、回水搅拌装置，将药液搅拌均匀。

7.1.6　施药作业结束后，应用清水或碱性洗液彻底清洗施药器械的药罐、喷杆、连接管及喷头等接触药剂的部位。

7.2　施药条件

7.2.1　施药前整地须达到地平、土碎、地表无植物残株、无残膜、全田清洁的标准。

7.2.2　应选择晴好天气，风速小于 3 级时施药，不应在雨天喷施除草剂。

7.3　施药时期

棉花播种前整地搂膜后施药。

7.4　施药方法

7.4.1 土壤均匀喷雾。施药时喷杆距地面高度 40～60 cm，喷液量 40～50 kg/ 亩。对淋溶性弱的除草剂，为保证杂草防除效果，喷液量不少于 60 kg/ 亩。

7.4.2　喷洒时应先启动动力，然后打开送液开关；停车时，要先关闭送液开关，后切断动力。在地头转向时，动力输出轴应始终旋转，以保持喷雾液体的搅拌，但送液开关必须为关闭状态。

7.4.3　施药过程中遇喷头堵塞等情况时，应立即关闭截止阀，先用清水冲洗喷头，用毛刷疏通喷孔，严禁用嘴吹吸喷头和滤网。

7.5　安全防护

7.5.1　配制和使用除草剂人员应经过专业技术培训，具备一定的化学除草知识和技能，儿童、老人、体弱多病者和经期、孕期、哺乳期妇女不应参与除草剂配制和施药作业。

7.5.2　配制和施药作业时，应穿戴必要的防护用品，严禁用手直接接触除草剂。具体防护措施应符合 NY/T 1997—2011 的规定。

8 施药后处理

8.1 施药后尽快浅混土，最长不超过 1 天，混土深度 3～5 cm。

8.2 施药混土后 3 天内播种，最迟不超过 7 天。

9 除草剂药害的预防

9.1 当茬作物药害预防

9.1.1 应准确称量除草剂药量，特别是活性高、安全范围窄的除草剂产品，应严格按照农药标签和说明书推荐的制剂量使用，不应随意加大除草剂使用剂量，避免除草剂超量使用造成棉花药害。

9.1.2 施药棉田土地应整平，防止遇大雨，药剂随水汇集到低洼处造成药害。沙性土壤不宜使用扑草净等淋溶性较强的除草剂。

9.1.3 施药作业时药械应匀速行进，不重喷不漏喷。

9.1.4 应用安全性风险高的除草剂产品时，应严把种子质量关，还可在常规种子包衣处理的基础上，选用芸苔素内酯 + 吡唑醚菌酯、氨基寡糖素或高质量的海藻肥拌种以提高棉种抗逆性。

9.1.5 棉花出苗期至幼苗期 2 片真叶前，如遇暴雨、连续降雨降温天气，雨后应及时中耕松土。雨前或雨后可使用赤・吲乙・芸苔、氨基寡糖素等全田叶面喷雾 1～2 次，间隔 5 天喷施 1 次，提高棉苗自身抗逆性。

9.1.6 剩余喷雾药液或清洗施药器械的药液喷洒到预留的未施药棉田，避免因污染灌溉沟渠和水塘等水源而造成除草剂药害。

9.1.7 首次使用的除草剂新产品，应经过试验示范再推广应用。

9.2 后茬作物药害预防

9.2.1 选用长残留除草剂土壤封闭的棉田，应做好用药档案记录，包括用药时间、用药量、使用面积等。

9.2.2 轮作倒茬时，应掌握前茬除草剂使用情况，避免种植对前茬所用除草剂敏感的作物品种。

附录A 播前土壤处理除草剂选用原则

A.1 田间以龙葵、藜、灰绿藜等阔叶杂草为主且杂草基数偏高的连作棉田，可选用二甲戊灵与氟啶草酮桶混。

A.2 田间以龙葵、藜、灰绿藜等阔叶杂草为主且杂草基数偏高的非连作棉田，可选用二甲戊灵与扑草净、乙氧氟草醚、丙炔氟草胺其中之一桶混或选用其混剂（复配制剂）。

A.3 田间以藜、灰绿藜、狗尾草、稗等杂草为主且杂草基数偏低的棉田，可选用二甲戊灵、氟乐灵、仲丁灵单剂。

附录B　播前土壤封闭处理推荐使用除草剂

有效成分	主要防除对象、特点	剂型	含量	推荐制剂量 /（g、mL/ 亩）
二甲戊灵	一年生禾本科杂草和部分小粒种子的阔叶杂草，如稗、狗尾草、藜、反枝苋等，对龙葵、苘麻、苍耳及多年生杂草防效差。	微囊悬浮剂	450 g/L	100～140
		乳油	33% 330 g/L	150～200
氟乐灵	一年生禾本科杂草和部分小粒种子的阔叶杂草，如稗、狗尾草、反枝苋、藜等，对苘麻、龙葵、苍耳及多年生杂草防效差。	乳油	480 g/L	100～150
仲丁灵	一年生禾本科杂草和部分阔叶杂草，如稗、狗尾草、反枝苋、藜等，对苘麻、龙葵、苍耳及多年生杂草防效差。	乳油	48%	200～250
扑草净	一年生杂草，对龙葵有一定的防效，持效期较短。	悬浮剂 / 可湿性粉剂	50%	100～150
乙氧氟草醚	一年生杂草，对龙葵有一定的防效。	乳油	24%	40～60
氟啶草酮	一年生杂草，对龙葵防效好，对反枝苋、马齿苋和藜有一定防效，对榆树幼苗、扁秆荆三棱有一定的抑制作用，对野西瓜苗、刺儿菜防效差。仅限连作棉田使用。	悬浮剂	42%	30～40
丙炔氟草胺	一年生杂草，如龙葵、藜、反枝苋等，对榆树幼苗等防效差。低温高湿、高温高湿情况下易发生药害。	可湿性粉剂	50%	6～12
		悬浮剂	48%	8～10
丙炔氟草胺·二甲戊灵	一年生杂草，如龙葵、藜、反枝苋、稗、狗尾草等，对榆树幼苗等防效差。低温高湿、高温高湿情况下易发生药害。	乳油	34%	150～200
甲戊·扑草净	一年生杂草，如龙葵、藜、反枝苋、稗、狗尾草等，持效期较短。	乳油	35%	200～250

注：以 % 标注含量的除草剂推荐制剂量单位为 g/ 亩，以质量体积比 g/L 标注含量的除草剂推荐制剂量单位为 mL/ 亩。

附录三 随水滴施除草剂防除棉田杂草技术规程

1 范围

本文件规定了随水滴施除草剂防除棉田杂草的术语和定义及滴灌施药系统建设、土地条件、注意事项等。用于覆膜滴灌棉田随水滴施除草剂防除田间杂草。

2 规范性引用文件

下列文件中的内容通过文中的规范性引用而构成本文件必不可少的条款。其中，注日期的引用文件，仅该日期对应的版本适用于本文件；不注日期的引用文件，其最新版本（包括所有的修改单）适用于本文件。

GB 5084	农田灌溉水质标准
GB/T 50485	微灌工程技术规范
HJ 556	农药使用环境安全技术导则
NY/T 2623	灌溉施肥技术规范
NY/T 1997—2011	除草剂安全使用技术规范通则
DB 65/T 3057	大田膜下滴灌系统运行管理规程

3 术语和定义

3.1 滴灌 Drip irrigation

是指利用塑料管道将水通过直径约 10 mm 毛管上的孔口或滴头送到作物根部进行局部灌溉。

3.2 种植模式 Planting pattern

与现行机械配套的标准化种植，指一张地膜种植三行（六行）棉花，棉花的行距配置为等行距 76 cm 或宽行 66（或 64）cm+ 窄行 10（或 12）cm。

3.3 滴灌棉田 Drip irrigation cotton field

指以滴灌作为灌溉方式的棉田。

3.4 随水滴施药剂 Applicate pesticide with drip irrigation

利用棉田的水肥滴灌系统将农药均匀输送到田间。

4 滴灌施药系统建设

4.1 总体要求

滴灌系统的水力设计、设备选择和安装调试、工程验收及运行、维护等应符合 GB/T 50485、NY/T 2623 和 DB 65/T 3057 相关要求。

4.2 水源准备

可利用地表水（河流、水库等）、地下水等作为水源，水质应符合 GB 5084 的要求。

灌溉水中泥沙等杂质含量较高时应设置沉沙池并配备相应过滤设备进行处理。水源部分应安装逆止阀，防止药剂污染水源。

4.3 支毛管铺设

支管垂直于棉花种植方向，支管长度 <60 m。毛管平行于棉花种植方向，滴水时保证滴灌带末端水压达到滴灌带设计要求。栽培模式为宽窄行一膜六行时，毛管布置在窄行中间处，铺设长度一般为 50～70 m；栽培模式为等行距一膜三行时，毛管布置在棉行边约 5 cm 处，铺设长度一般为 50～70 m。毛管采用迷宫式滴灌带或内镶式滴灌带，滴水孔流量 2.0～2.6 L/h，滴水孔间距≤ 30 cm。

4.4 施药装置

可用施肥罐替代或采用专用施药机。

4.5 滴灌系统运行

严格按照滴灌系统设计压力运行，以保证系统正常工作，田间滴水均匀。

5 土地条件

地面平整（地表平整度标准差≤ 3.5 cm）、土壤细碎无直径 >2 cm 土块、无残茬、杂物和废旧地膜。

6 施药时间及次数

5 月底至7 月上旬在棉花滴水灌溉时滴施除草剂。每季不超过 2 次。选择晴好天气且光照充足、气温较高的时段进行施药操作。

7 除草剂的选择

7.1 选用已在棉花田登记，且使用方法为土壤处理的除草剂品种，并按农药标签和说明书规定的用药量、使用技术要求和注意事项使用。

7.2 根据田间杂草发生种类选择适宜的除草剂产品。除草剂选用原则见附录 A，推荐使用的除草剂见附表 B。

8 除草剂的配制

8.1 配制前准备

8.1.1 配制除草剂之前应阅读产品标签和说明书，根据标签和说明书的推荐制剂量，结合土壤质地、土壤有机质含量、杂草草龄大小调整除草剂使用剂量，除草剂推荐制剂量见附录 B。

8.1.2 根据施药面积和除草剂使用剂量计算所需除草剂总量。

8.1.3 根据除草剂用量、配制方法准备量取和配制除草剂的器皿、容器。

8.2 配制方法

8.2.1 采用“二次稀释法”配制药液，充分搅拌均匀待用。

8.2.2 用专用量具量（称）取除草剂产品。

8.2.3 选择清水配制除草剂。

8.2.4 药液应现用现配，避免久置，短时存放时，应密封并安排专人保管，施药作业前需再次搅拌均匀。

9 除草剂的使用

滴灌施药分 3 个阶段进行，第一阶段：滴灌清水，保证播种行及其两侧地表土壤充分浸透，如需随水施肥，则在肥料使用后，用清水充分冲洗系统，再进行下一阶段操作；第二阶段：随水施药，将配置好的除草剂缓慢倒入滴灌泵房的施肥（药）装置中，开启阀门，使药剂随水一同滴施到田间土壤中；第三阶段：冲洗管道，待药剂充分滴灌完毕后，继续滴施清水，将残留在施药装置、主管道和毛管壁上的药剂彻底冲刷到田间土壤中。各阶段进行的时间根据系统管道长短、流量大小确定，其中，第二阶段一般在 45～60 min，第三阶段一般在 30 min 左右。

10 注意事项

10.1 施药装置采用施肥罐替代的，需先关停施肥罐的进水阀和出水阀，打开放水阀将罐中水放至剩下 1/2～2/3 处时，关闭放水阀；再将已采用二次稀释法稀释混匀后的药剂缓慢匀速倒入施肥罐中，搅拌混合均匀；打开进水阀，待施肥罐中水量将要注满时将施肥罐上盖拧紧，打开出水阀，通过调节进水阀和出水阀使施肥罐前后保持一定压力差，利用压力差将罐中药剂通过滴灌系统带入田间。

10.2 药剂加入施药装置后应充分搅拌均匀，否则影响杂草防效及对棉花的安全性。

10.3 为保证灌溉系统的正常使用，应在滴灌前对整个灌溉系统（包括泵、动力设备、过滤系统、田间阀门、管道系统等）进行全面检查和维护。进行滴灌施药第一阶段时，即进行管网巡查，若发现漏水现象或其他问题应及时修复处理。

10.4 通过滴灌施入的除草剂在土壤中的分布及运移直接影响田间防治效果，因此，进行滴灌施药时，应足压运行，避免药剂沉积在管网中，且适量增大灌溉水量，增大药剂在土壤中的分布范围，提高均匀性以保证最佳使用效果。

10.5 滴水田间均匀性差、滴灌系统性能不稳定以及一膜两管配置的棉田不宜使用该技术。

10.6 滴灌施药对不同草龄杂草的防效有较大差异，除草效果随草龄增大而降低，条件适宜时，应尽早进行。大面积施药前，需进行小面积试验确定除草剂最适用量，确保对棉花的安全性。

10.7 做好用药档案记录，包括用药时间、药剂名称、用药量、用药面积等（附表 C）。

附录A 随水滴施除草剂品种选用原则

A.1 田间以龙葵、藜、灰绿藜等阔叶杂草为主且杂草基数偏高的棉田，可选用丙炔氟草胺、扑草净。

A.2　田间以狗尾草、稗等禾本科杂草为主，少量龙葵、藜、灰绿藜等阔叶杂草的棉田，可选用精异丙甲草胺、乙草胺。

A.3　计划轮作倒茬的棉田，应避免选用后茬作物敏感的除草剂品种。

附表B　随水滴施推荐使用除草剂

有效成分	主要防除对象、特点	剂 型	含量	推荐制剂量 /（g、mL/ 亩）
丙炔氟草胺	一年生阔叶杂草，如龙葵、藜、反枝苋等。滴灌系统漏水导致的药液喷溅到棉花上会对棉花产生一定的伤害。	可湿性粉剂	50%	6～10
		悬浮剂	48%	8～10
扑草净	一年生杂草，对龙葵有一定的防效，持效期较短。	悬浮剂、可湿性粉剂	50%	100～150
精异丙甲草胺	一年生禾本科杂草及部分阔叶杂草，对龙葵效果差。	乳油	960 g/L	60～100
乙草胺	一年生禾本科杂草及部分阔叶杂草，对龙葵效果差。	乳油	900 g/L	80～100

注：1. 以 % 标注含量的除草剂推荐制剂量单位为 g/ 亩，以质量体积比 g/L 标注含量的除草剂推荐制剂量单位为 mL/ 亩。2. 杂草密度适中，草龄偏小，沙土地，除草剂使用低剂量；杂草密度大、杂草草龄偏大（10 片叶片之上），壤土、黏土地，除草剂使用高剂量。

附表C　滴施除草剂防除田间杂草情况记录表

种植户姓名及电话		种植地点（含经纬度）	
棉花品种		种植模式	
土壤类型		药剂有效成分	
药剂亩使用量		药剂使用面积	
是否产生药害		药害症状	

其他情况备注：

注：本表保存期限为自使用除草剂之日起最低 2 年。

附录四　42%氟啶草酮悬浮剂（龙草净®）土壤封闭处理防除棉田杂草技术规范

1　范围

本文件规定了42%氟啶草酮悬浮剂（龙草净®）产品质量要求、使用原则、使用方法、药害预防以及注意事项等。

本文件适用于指导和规范42%氟啶草酮悬浮剂（龙草净®）播前土壤封闭处理防除棉田杂草。

2　规范性引用文件

下列文件中的内容通过文中的规范性引用而构成本文件必不可少的条款。其中，注日期的引用文件，仅该日期对应的版本适用于本文件；不注日期的引用文件，其最新版本（包括所有的修改单）适用于本文件。

GB/T 8321	农药合理使用准则
HJ 556	农药使用环境安全技术导则
NY/T1997—2011	除草剂安全使用技术规范　通则
DB 65/T3979—2017	机采棉田机械施药技术规范
DB 65/T4415	机采棉田土壤封闭除草技术规范

3　术语和定义

GB/T8321、HJ556、NY/T1997—2011、DB 65/T3979—2017、DB 65/T4415界定的以及下列术语和定义适用于本文件。

3.1　搂膜

在棉田整地后，喷施土壤处理除草剂前，用带钩的耙子等机械将残留在棉田中的残膜清理干净并进行集中处理的过程。

3.2　土壤封闭处理

在棉田整地搂膜后，棉花播种前7天内，将除草剂用喷雾的方法，均匀喷施到土壤表层，并通过混土操作把除草剂拌入土壤中一定深度，形成一个除草剂封闭层。

3.3　安全间隔期

棉田使用42%氟啶草酮悬浮剂（龙草净®）后，不影响后茬作物安全生长的间隔时间。具体指最后一次使用龙草净®距后茬作物播种时间。

4　产品性能、外观

4.1　性能

氟啶草酮是一种选择性、内吸传导型土壤处理除草剂，由敏感植物的根部吸收并传导至叶片，通过抑制番茄红素脱氢酶，减少类胡萝卜素生物合成，使叶绿素损耗，抑制光合作用，杂草逐渐白化死亡。棉花植株根部可少量吸收氟啶草酮，但不向上传导，因而对棉花安全。龙草净®对阔叶杂草的防除效果优于禾本科杂草。

4.2　外观

42% 氟啶草酮悬浮剂（龙草净®）为乳白色可流动的均匀悬浮液体。

5　使用原则

5.1　龙草净®适于在恶性杂草龙葵发生较重的棉田使用，主要防除棉田龙葵、马齿苋、灰绿藜、藜、反枝苋等一年生阔叶杂草。

5.2　使用龙草净®的人员应经过相关专业技术培训，使用之前应仔细阅读农药标签和使用说明书，遵守 GB/T 8321 和 NY/T 1997—2011、HJ 556 的有关规定。

5.3　配置和施药作业人员的个人安全防护应符合 NY/T1997—2011 的规定。

6　施药前准备

6.1　整地

施药前整地要精细，需达到“平、碎、松、齐、净”标准。

6.2　耧膜

耧膜必须在开春平地整地过程中完成，切忌在施药后再耧膜，以免破坏药土层。

6.3　施药时期

棉花播种前，整地耧膜后施药。

6.4　施药器械

6.4.1　应采用大型喷杆喷雾机，选用扇形雾喷头，不宜使用空心圆锥雾喷头。

6.4.2　施药机械用泵应具有调压、卸荷装置，配备压力表，在额定或最高工作压力范围内应能平稳地调压。

6.4.3　药箱应有容量标识线。药箱内有射流、回水搅拌装置，对药液进行强制搅拌，或采取其它措施搅拌，确保药剂在水中分散均匀。

6.4.4　施药作业前，应检查施药器械的压力部件和控制部件，保证喷雾机截止阀正常，喷头无堵塞，各接口无滴漏，检查各连接管道是否有破损，防止出现“滴、漏、跑、冒”现象。

6.4.5　施药作业前，应对喷雾机具进行校准，校准因子包括行走速度、喷幅以及喷头流量，具体校准方法按照 DB 65/T3979—2017 的规定执行。

6.4.6　施药作业结束后，应用清水或碱性洗液彻底清洗施药机械的药箱、喷杆及喷头等接触药剂的部件。

7　药剂配制

7.1　龙草净®亩用制剂量 30～40 mL，有机质含量低的沙土地使用低剂量，土壤粘重或有机质含量超过 2% 的用高剂量。

7.2　准确核定施药面积，根据推荐的龙草净®使用剂量计算龙草净®用量。用专用量具准确量取。

7.3　采用“二次稀释法”配制药液，先用少量水将龙草净®稀释成母液，然后在药箱中加入额定容量 50% 的水，倒入母液，同时进行回水搅拌，再加足所需的水量。充分搅拌确保药液混匀。

7.4　药液应现用现配，短时存放时，应密封并安排专人保管。

8　施药作业

8.1　施药方法为土壤喷雾，亩用水量 60～80 L。应按照 DB 65/T4415 的规定进行施药作业，喷洒均匀，不重不漏。

8.2　作业中应注意风速、风向，超过 2 级风时应停止作业。

9　施药后处理

9.1　施药后在 1 天内完成混土，最迟不超过 2 天，混土深度不超过 5 cm。

9.2　施药混土后 3 天内完成播种，最迟不超过 7 天。

10　施药后管理

施药后注意棉田病、虫、肥、水等因素的管理，保持土壤墒情。管理模式同当地常规棉田。

11　药害预防

11.1　后茬作物药害预防

11.1.1　使用龙草净®的棉田应做好用药档案记录，包括药剂采购地点、用药地点、用药时间、用药量、使用面积、使用效果等，见附表 A。

11.1.2　使用过龙草净®的棉田，应根据土壤性质及龙草净®对不同后茬作物的安全种植间隔期进行后茬作物选择，避免盲目轮作倒茬使后作遭受残留药害。龙草净®对后茬作物的安全种植间隔期及安全种植方案见附表 B。

11.2　当茬改种作物药害预防

11.2.1　使用过龙草净®的棉田，若棉花生育前期受灾需要改种其它作物，在有效积温满足，以及粘土或高有机质壤土条件下，可改种西葫芦、红薯，其次是花生，最后是油葵、打瓜。

11.2.2　改种前，可全田撒施粉煤灰后混土降低龙草净®对当茬改种作物药害，粉煤灰亩用量 400～1 000 kg。

11.2.3　改种后，加强水肥管理，滴施海藻素、腐殖酸、氨基酸水溶肥、功能性复混肥料等植物营养剂和微生物菌剂等。在作物出现轻微药害症状时，喷施植物生长调节剂 + 叶面植物营养剂桶混组合，如芸苔素类植调剂 + 微量元素类水溶肥或植物刺激素类产品。

12 其他注意事项

12.1 每个棉花生长季节只能使用一次龙草净®。下潮地、冷凉地、高盐碱地不宜使用本品。

12.2 根据棉田杂草草相，为进一步提高对稗等禾本科杂草的防除效果，应桶混二甲戊灵除草剂。推荐亩用龙草净®30～40 mL + 33% 二甲戊灵乳油 150～200 mL。

12.3 清洗和处理包装材料时不要污染水体，废液、清洗液不得倒入池塘、湖泊、灌溉渠道等水域。

12.4 龙草净®不得用于茎叶喷雾，严禁用于叶面喷灌系统。

12.5 龙草净®废弃包装物应妥善回收，集中处理。

附表A （资料性）龙草净®用药档案记录表

种植户姓名及电话		用药地点及经纬度信息	
棉花品种		种植模式	
土壤类型		杂草种类	
龙草净®购买地点			
用药时间		用药剂量	
用药面积		施药器械	
施药方法		亩用水量	
除草剂使用效果			
是否产生药害		药害症状	

注：本表保存期限为自使用除草剂之日起最少 2 年。

附表B （资料性）龙草净®后茬作物安全种植间隔期及安全种植方案

土质	备选作物种类	间隔期（月）	备注
黏土或壤土	籽用西葫芦、红薯	1~2	深翻土壤
	花生、向日葵、打瓜、小麦	6~8	深翻土壤。若种植小麦时，需适当增加播种量（建议增加 10% 左右），并加强水肥管理，滴施海藻素、腐殖酸、氨基酸水溶肥之类的植物营养剂
	甜瓜、西瓜、大豆、玉米	12	深翻土壤
	番茄、茄子、甜菜	24	深翻土壤，必须移栽，不能直播
	辣椒	36	深翻土壤，必须移栽，不能直播
沙壤土	红薯、籽用西葫芦	6	深翻土壤
	小麦、打瓜、向日葵、花生	12	深翻土壤。若种植小麦时，需适当增加播种量（建议增加 10% 左右），并加强水肥管理，滴施海藻素、腐殖酸、氨基酸水溶肥之类的植物营养剂
	玉米、大豆	18	深翻土壤
	甜瓜、西瓜	24	深翻土壤
	番茄、茄子、甜菜	36	深翻土壤，番茄、茄子必须移栽，不能直播
沙土	籽用西葫芦、红薯	12	深翻土壤
	小麦、玉米、打瓜、向日葵、花生、大豆	24	深翻土壤，若种植小麦时，需适当增加播种量（建议增加 10% 左右），并加强水肥管理，滴施海藻素、腐殖酸、氨基酸水溶肥之类的植物营养剂
	甜瓜、西瓜	36	深翻土壤

注：1）辣椒是非常敏感的作物，用过龙草净®的田块除黏土和壤土土质外，3 年内不宜种植辣椒。

2）后茬作物安全性与土质有密切关系，土质越偏沙、偏盐碱则药害风险越大，土质越偏黏性或有机质越高药害风险越低。

附录五　氟啶草酮/丙炔氟草胺/二甲戊灵组合产品应用于棉田除草技术规范

1　范围

本文件规定了氟啶草酮、丙炔氟草胺、二甲戊灵混用防除棉田杂草的术语与定义及适用作物与防治对象、适用剂量、施药前准备、操作人员安全防护、配药及喷药操作、施药后处理及其他注意事项等。适用于氟啶草酮、丙炔氟草胺、二甲戊灵混用防除新疆机采棉田一年生阔叶杂草和禾本科杂草。

2　规范性引用文件

下列文件对于本文件的应用是必不可少的。凡是注日期的引用文件，仅所注日期的版本适用于本文件。凡是不注日期的引用文件，其最新版本（包括所有的修改单）适用于本文件。

GB/T 8321　农药合理使用准则

NY/T 1276—2007　农药安全使用规范总则

NY/T 1997—2011　除草剂安全使用技术规范　通则

DB 65/T 3979—2017　机采棉田机械施药技术规范

3　产品主要特征

3.1　42% 氟啶草酮 SC（悬浮剂，下同）

本药剂为乳白色可流动的均匀悬浮液体，是一种选择性、内吸传导型除草剂。由迈克斯（如东）化工有限公司生产，为龙草净®。主要由植物根部吸收传导至叶片，通过抑制番茄红素脱氢酶，减少类胡萝卜素生物合成，使叶绿素损耗，抑制光合作用而致杂草死亡，本品对阔叶杂草的防除效果优于禾本科杂草。

3.2　33% 二甲戊 EC（灵乳油，下同）

本药剂为黄色至红棕色均相液体，为二硝基苯胺类选择性土壤处理除草剂，由迈克斯（如东）化工有限公司生产。该药剂通过正在萌发的幼芽吸收，进入植物体内与微管蛋白结合，通过抑制植物细胞的有丝分裂而致杂草死亡。对多数禾本科杂草如稗、马唐、牛筋草、狗尾草及部分阔叶杂草如藜、马齿苋、凹头苋、苘麻等一年生杂草有效。

3.3　34% 丙炔氟草胺·二甲戊 EC

本药剂为棕黄色至棕褐色油状液体，丙炔氟草胺属于 PPO 类选择性触杀型除草剂，可被植物的幼芽和叶片吸收，在植物体内进行传导，通过抑制叶绿素合成造成杂草死亡。本品为二硝基苯胺类的二甲戊灵和丙炔氟草胺复配而成的土壤处理除草剂，可有效防除棉花田多数一年生禾本科杂草和阔叶杂草。由迈克斯（如东）化工有限公司生产。

4 适用作物与防除对象

4.1 适用于新疆棉花田防除一年生杂草使用。

4.2 用于防除棉田龙葵、灰藜、灰绿藜、反枝苋、马齿苋等一年生阔叶杂草和稗、狗尾草等一年生禾本科杂草。

5 使用剂量

42% 氟啶草酮 SC 使用制剂量 20～30 mL/ 亩，34% 丙炔氟草胺 · 二甲戊灵 EC 使用制剂量 80～100 mL/ 亩，33% 二甲戊灵 EC 使用制剂量 200～400 mL/ 亩，各产品不同场景使用剂量不同，根据田间杂草发生种类、为害程度、后茬种植方案及土壤条件选择适用的使用剂量，具体参见附表 A。

6 施药前准备

6.1 整地：施药前整地应达到地平、土碎、地表无植物残株和大土块。

6.2 残膜回收：回收残膜必须在开春平地整地过程中完成，切忌在施药后再搂膜，以免破坏药土层。

6.3 施药时机的选择：棉花播前，耙完地搂膜后施药。

6.4 施药器械

6.4.1 喷雾机械的选择应符合 DB 65/T 3979—2017 的规定，采用喷杆喷雾机械。施药机械用泵应具有调压、卸荷装置，配备压力表，在额定或最高工作压力范围内应能平稳地调压。应使用扇形喷头，不宜使用空心圆锥喷头。药箱应有容量标识线。药箱内有射流、回水搅拌装置，可对药液进行强制搅拌。

6.4.2 施药作业前，应检查施药器械的压力部件和控制部件，保证喷雾机截止阀正常。用清水检查施药器械喷头的喷雾量和喷幅是否正常，喷头是否堵塞。对喷雾机具进行校准，校准因子包括行走速度、喷幅以及喷头药液流量和压力。喷杆喷雾机行走速度控制在 4～8 km/h、工作压力 0.2～0.3 MPa。

6.4.3 施药作业结束后，应用清水或碱性洗液彻底清洗施药机械的药箱、喷杆、连接管及喷头等接触药剂的设备。

7 药剂配制

7.1 准确核定施药面积，根据推荐的除草剂使用剂量计算除草剂用量，药液用专用量具准确量取。

7.2 采用“二次稀释法”配制药液，先用少量水将除草剂制剂稀释成母液，桶混时建议先加 42% 氟啶草酮 SC 搅拌，再加 34% 丙炔氟草胺 · 二甲戊灵 EC 搅拌，最后加 33% 二甲戊灵 EC 搅拌配成母液后，在药箱中加入额定容量 50% 的水，倒入母液，同时进行回水搅拌，再加足所需的水。充分搅拌确保药液混匀。

7.3 药液应现用现配，2 h 内存放时，应密封并安排专人保管，施药作业前需再次搅拌均匀。

8　施药作业

8.1　要求均匀土壤喷雾处理，不重喷不漏喷，喷液量大于 60 kg/ 亩。

8.2　喷洒时应先启动动力，然后打开送液开关；停车时，要先关闭送液开关，后切断动力。在地头转向时，动力输出轴应始终旋转，以保持喷雾液体的搅拌，但送液开关必须为关闭状态。

8.3　施药过程中遇喷头堵塞等情况时，应立即关闭截止阀，先用清水冲洗喷头，再用毛刷疏通喷孔，严禁用嘴吹吸喷头和滤网。

8.4　作业中应注意风速、风向，超过 2 级风时应停止作业。

9　施药后处理

9.1　土壤施药后 1 天内混土，混土深度 3～5 cm。

9.2　施药混土后最好 3 天内播种，最迟不超过 1 周。

10　安全性评价

10.1　对棉花安全

10.1.1　应准确称量除草剂药量，严格按照农药标签或说明书推荐的制剂量使用，不应随意加大除草剂用量，避免除草剂超量使用造成棉花药害。施药作业时药械应匀速行进，不重喷不漏喷。

10.1.2　施药棉田土地应整平，防止遇大雨，药剂随水汇集到低洼处造成药害。

10.1.3　播种时严把种子质量关，还可在常规种子包衣处理的基础上，选用芸苔素内酯、氨基寡糖素或高质量的海藻肥拌种以提高棉种抗逆性。

10.1.4　棉花出苗期至幼苗期（2 片真叶前）如遇暴雨、连续降雨降温天气，雨后应及时中耕松土。雨前或雨后可使用赤・吲乙・芸苔、氨基寡糖素等全田叶面喷雾 1～2 次，间隔 5 天喷施 1 次，提高棉苗自身抗逆性。

10.1.5　剩余喷雾药液或清洗施药器械的药液喷洒到预留的未施药棉田，避免造成除草剂药害。

10.2　后茬作物安全性

10.2.1　除草剂使用后，应做好用药档案记录，包括用药时间、用药量、使用面积等。

10.2.2　轮作倒茬时，应掌握前茬除草剂使用情况，避免种植对前茬所用除草剂敏感的作物种类。

10.2.3　在大面积改种其他作物前，应小面积试种确认其安全性，如有轻微药害可叶面喷施芸苔素 + 微量元素水溶肥、芸苔素 + 氨基酸水溶肥等产品缓解药害。

11　施药后管理

施药后棉田注意病、虫、肥、水等因素的管理，保持土壤墒情。管理模式同当地常规棉田。

12 注意事项

12.1 使用过组合产品的棉花田块，当季不得再种植玉米、小麦等其他作物。

12.2 本组合产品为土壤喷雾处理剂，严禁用于叶面喷灌系统。

12.3 配药时冲洗除草剂包装物 3 遍，清洗液倒入药罐中直接利用，并将除草剂包装废弃物分类就近交回农药经营者妥善处理，不得随意丢弃。

12.4 配药所用称量器具在使用后都要清洗，不得作他用。应在远离居民点、水源的地点处理冲洗废液，不得倒入池塘、湖泊、灌溉渠道等水域污染水体。

附表A （资料性）氟啶草酮/丙炔氟草胺/二甲戊灵组合产品不同场景使用剂量推荐表

类别	具体场景	使用制剂量 /（mL/ 亩）		
		42% 氟啶草酮 SC	34% 丙炔氟草胺 · 二甲戊灵 EC	33% 二甲戊灵 EC
杂草为害情况	龙葵密度大，为害重	25	80	300
	龙葵密度小	20	80	200
土壤条件	沙质土壤	20	/	200
	沙壤土、轻壤土、中壤土常规地块	20	80	200
	黏质土壤、有机质含量高的土壤	30	100	200
	下潮地	30	100	400
后茬种植方案	棉花连作	25～30	80	200
	后茬需改种粮食作物	20	80	200

附录六　机采棉田杂草综合防控技术规程

1　范围

本文件规定了机采棉田杂草综合防控术语和定义、防控原则、防控对象、防除技术措施、药害预防及安全防护。

本文件适用于机采棉生产中田间杂草的综合防控。

2　规范性引用文件

下列文件中的内容通过文中的规范性引用而构成本文件必不可少的条款。其中，注日期的引用文件，仅该日期对应的版本适用于本文件；不注日期的引用文件，其最新版本（包括所有的修改单）适用于本文件。

GB/T 17980.128	农药　田间药效试验准则（二）　第 128 部分：除草剂防治棉花田杂草
HJ 556	农药使用环境安全技术导则
NY/T 1276	农药安全使用规范　总则
NY/T 1997—2011	除草剂安全使用技术规范　通则
DB65/T 3979	机采棉田机械施药技术规范
DB65/T 4415—2021	机采棉田土壤封闭除草技术规范

3　术语和定义

下列术语和定义适用于本文件。

3.1　杂草　weed

棉田中与棉花争肥、争水、争空间的其他植物。

3.2　灭生性除草剂　non-selective herbicide

不加选择地杀死各种杂草和作物的除草剂。

3.3　茎叶处理剂　post-emergence applied herbicide

杂草出苗后，喷洒或涂抹于杂草茎叶，利用药剂的触杀或内吸传导达到作用部位，使杂草受害的除草剂。

3.4　土壤处理剂　pre-emergence applied herbicide

喷洒于土壤表层或通过混土操作把除草剂拌入土壤中一定深度，形成一个除草剂封闭层，在杂草萌发穿过封闭层的过程中使杂草受害的除草剂。

3.5　除草剂药害　herbicide injury

除草剂使用后致使当茬作物、邻近作物或后茬作物受害，最终导致作物品质降低、减产或绝产的现象。

4 防控原则

贯彻“预防为主，综合防治”的植保方针，采取以植物检疫为关口，农业机械防除为基础，化学防除为中心，人工防除为补充的综合防控技术措施，立足早期治理，同时抓好中后期影响机采的恶性杂草防治，因地制宜，分类施策，治早治小。

5 防控对象

5.1 主要杂草种类

包括龙葵、灰绿藜、藜等阔叶杂草，稗、狗尾草等禾本科杂草以及莎草科的扁秆荆三棱，见附录 A。

5.2 主要杂草群落

根据棉花生育期不同，南疆、北疆、东疆植棉区域发生的杂草群落有所不同，见附录 B。

6 防控技术措施

6.1 播种期

6.1.1 植物检疫

棉花种子应经检疫合格后引种。

6.1.2 土壤封闭

按照 DB65/T 4415—2021 的规定执行。

6.1.3 农业防除

采用精选种子，清除田边杂草等措施。棉花播种时，地膜铺设应紧贴地面，采光面完整，膜边垂直入土，压膜严实。扁秆荆三棱发生严重地块，于棉花播种前浅耕 15 cm，人工捡拾根茎，带出田外销毁，降低基数。

6.2 苗蕾期

6.2.1 农业防除

中耕杀灭棉花膜间露地的杂草。中耕适期为杂草低龄期，深度 10 cm～18 cm，2 次～3 次为宜。对耕翻至地表的扁秆荆三棱根茎，人工捡拾带出田外集中处理。

6.2.2 化学防除

6.2.2.1 以龙葵、灰绿藜、藜等一年生阔叶杂草为优势种群且地面平整，滴水均匀的地块，于棉花 5 叶期后选用土壤处理剂丙炔氟草胺、8 叶期后选用土壤处理剂扑草净等，利用棉田滴灌系统随水滴施封杀已出土杂草幼苗和未发芽杂草种子，杂草密度适中、草龄偏小、砂土地，除草剂按推荐制剂量的最低量使用；杂草密度大、草龄偏大、壤土、粘土地，按最高量使用，见表 C.1，应进行小面积试验确定适宜浓度。

6.2.2.2 对田旋花、扁秆荆三棱等多年生杂草为主的地块，于棉花现蕾、株高 30 cm 以上，选用灭生性除草剂草甘膦等，兑水 30 L/ 亩～40 L/ 亩于棉花行间定向喷雾或对杂草滴心处理，喷药时喷头带保护罩，并压低喷嘴，药液不应溅到棉叶尤其是心叶或嫩叶上。也可采用人工涂抹法施药，选用灭生性除草剂草甘膦等，以其高浓度的药液直接涂抹于杂草 50% 以上茎叶（在药液中加入少量表面活性剂如洗衣粉、柴油等有明显的增效作用）。也可在涂抹前先将杂草茎基部从距地面 5 cm 左右处剪断，再涂药液。

6.2.2.3　播前土壤封闭失败，以稗、狗尾草等一年生禾本科杂草为优势种群的地块，于棉花 2 叶期～5 叶期，杂草基本出齐且多数处于幼苗期实施，选用茎叶处理剂精喹禾灵、精吡氟禾草灵、高效氟吡甲禾灵、精噁唑禾草灵等，兑水 30 L/ 亩～40 L/ 亩均匀喷雾。杂草草龄小，除草剂按推荐制剂量的最低量使用，杂草密度大、草龄偏大，环境干旱时按最高量使用，见表 C.2；防除芦苇、狗牙根等多年生杂草，于杂草孕穗期选用上述药剂，用药剂量可适当增加，应进行小面积试验确定适宜用量。田间药效试验按照 GB/T 17980.128 的规定进行。

6.2.2.4　注意事项按附录 D 的规定执行。

6.3　花铃期

6.3.1　人工防除

龙葵、田旋花等杂草少量发生时，应在其种子未成熟时予以拔除或使用农具铲除，并带出田外集中处理。

6.3.2　化学防除

花铃期杂草化除措施按 6.2.2.1、6.2.2.2 和 6.2.2.4 的规定执行。

6.4　吐絮期

6.4.1　人工防除

对田间零星杂草应拔除或使用农具铲除，同时将发现的龙葵、田旋花成熟种子带出田外集中处理。

6.4.2　化学防除

在龙葵结实期之前，采用灭生性除草剂草甘膦等定向喷雾防除。对田旋花的防除，采用灭生性除草剂草甘膦等人工涂抹，也可于第 2 次喷施脱叶剂（噻苯•敌草隆）时，加入草甘膦异丙胺盐防除。

注意事项按附录 D 的规定执行。

6.5　收获后

在土壤封冻前，深翻除草。对以多年生杂草为优势种群的棉田，可采取稻棉轮作、麦棉轮作等水 - 旱轮作或旱 - 旱轮作倒茬方式。

7　药害预防

7.1　播前土壤封闭处理除草剂药害预防见 DB65/T 4415 — 2021 的第 9 章。砂土地应控制用药剂量。

7.2　棉花苗后随水滴施或茎叶处理除草，应根据施药面积准确称量除草剂，按照标签推荐用量或通过小区试验获得的适宜浓度施药，不应随意加大除草剂用量。

7.3　随水滴施除草剂，药剂加入施药装置后应搅拌均匀。药前及施药过程中，应进行管网巡查，不应有跑冒滴漏现象。

7.4　定向茎叶喷雾应安装减少雾滴外溢的防护装置，且所用背负式喷雾器应专用。

7.5 剩余药液或清洗药械和药箱的水应妥善处理。

7.6 轮作倒茬时，应掌握前茬除草剂使用情况以及安全种植间隔期。

7.7 做好用药档案记录，包括但不限于除草剂名称、有效成分含量、剂型，生产厂家、采购地点，除草剂使用时间、地点、剂量、使用面积、使用效果。

7.8 首次使用的除草剂品种以及与其他物质的混用，应经过试验后再使用。新有效成分应经多年多点试验示范后再大面积推广应用。

8 安全防护

8.1 配制和施药作业时，应穿戴必要的防护用品，不应用手直接接触除草剂。具体防护措施应符合 NY/T 1276 的规定。

8.2 施药作业结束后，应用清水或碱性洗液彻底清洗施药机械的药箱、喷杆及喷头等接触药剂的部件。剩余药剂应封好后，放置于专用仓库，妥善保管。

附表A （资料性）机采棉田主要杂草种类

机采棉田主要杂草种类，见表 A.1。

表 A.1 机采棉田主要杂草种类

杂草类群	科名	杂草名称	生长习性	繁殖方式
阔叶杂草	茄科	龙葵 *Solanum nigrum* L.	一年生	种子
	藜科	灰绿藜 *Chenopodium glaucum* L.	一年生	种子
		藜 *Chenopodium album* L.	一年生	种子
		小藜 *Chenopodium ficifolium* Sm.	一年生	种子
	苋科	反枝苋 *Amaranthus retroflexus* L.	一年生	种子
		凹头苋 *Amaranthus blitum* L.	一年生	种子
	旋花科	田旋花 *Convolvulus arvensis* L.	多年生	种子、根茎
	锦葵科	苘麻 *Abutilon theophrasti* Medicus	一年生	种子
		野西瓜苗 *Hibiscus trionum* L.	一年生	种子
	菊科	苦苣菜 *Sonchus oleraceus* L.	一年生或两年生	种子
		苣荬菜 *Sonchus wightianus* DC.	多年生	种子、根茎
		苍耳 *Xanthium strumarium* L.	一年生	种子
		花花柴 *Karelinia caspia*（Pall.）Less.	多年生	种子、根茎
		刺儿菜 *Cirsium arvense* var. *integrifolium* Wimm.&Grab.	多年生	种子
		蓟 *Cirsium japonicum* Fisch. ex DC.	多年生	根茎、种子
	马齿苋科	马齿苋 *Portulaca oleracea* L.	一年生	种子

续表

杂草类群	科名	杂草名称	生长习性	繁殖方式
禾本科杂草	禾本科	稗 *Echinochloa crus-galli* (L.) Beauv.	一年生	种子
		狗尾草 *Setaria viridis* (L.) P.Beauv.	一年生	种子
		芦苇 *Phragmites australis* (Cav.) Trin. ex Steud.	多年生	种子、根茎
莎草科杂草	莎草科	扁秆荆三棱 *Bolboschoenus planiculmis* (F. Schmidt) T. V. Egorova	多年生	种子、根茎

附表B　（资料性）　机采棉田主要杂草群落

机采棉田主要杂草群落，见表 B.1。

表 B.1　机采棉田主要杂草群落

植棉区域	棉花生育期		
	苗蕾期	花铃期	吐絮期
南疆棉区	龙葵 + 灰绿藜 + 凹头苋 + 扁秆荆三棱	龙葵 + 扁秆荆三棱 + 马齿苋 + 凹头苋	龙葵 + 田旋花
	龙葵 + 凹头苋 + 扁秆荆三棱	龙葵 + 扁秆荆三棱	龙葵 + 田旋花 + 扁秆荆三棱
	藜 + 田旋花 + 芦苇 + 苦苣菜	龙葵 + 田旋花	田旋花
	扁秆荆三棱 + 龙葵 + 马齿苋	藜 + 田旋花 + 稗 + 龙葵 + 芦苇 + 扁秆荆三棱	田旋花 + 藜 + 龙葵
	—	灰绿藜 + 龙葵 + 藜	—
	—	灰绿藜 + 凹头苋 + 龙葵	—
北疆棉区	龙葵 + 藜 (或灰绿藜)+ 田旋花	龙葵 + 田旋花	龙葵 + 田旋花
	龙葵 + 藜	龙葵	龙葵 + 田旋花 + 藜
	龙葵	龙葵 + 反枝苋 + 马齿苋 + 苘麻	—
	龙葵 + 扁秆荆三棱 + 田旋花	龙葵 + 藜 + 灰绿藜	—
	龙葵 + 灰绿藜 + 反枝苋	—	—
	灰绿藜 + 野西瓜苗 + 田旋花 + 龙葵	—	—
东疆棉区	藜 + 反枝苋 + 龙葵	藜 + 反枝苋 + 龙葵	藜 + 龙葵 + 反枝苋
	反枝苋 + 马齿苋 + 芦苇	藜 + 反枝苋 + 狗尾草	藜 + 田旋花
	—	田旋花 + 芦苇 + 反枝苋	田旋花 + 龙葵

附表C　（资料性）棉田推荐使用除草剂种类

C.1　棉花苗后随水滴施除草剂

见表C.1。

表 C.1　棉花苗后随水滴施除草剂

有效成分	主要防除对象、特点	剂 型	含量	推荐制剂量
丙炔氟草胺	一年生阔叶杂草，如龙葵、藜、反枝苋等。滴灌系统漏水导致的药液喷溅到棉花上会对棉花产生一定的伤害	可湿性粉剂	50%	6 g/ 亩～10 g/ 亩
		悬浮剂	48%	8 mL/ 亩～10 mL/ 亩
扑草净	一年生杂草，对龙葵有一定的防效，持效期较短	可湿性粉剂	50%	100 g/ 亩～150 g/ 亩
精异丙甲草胺	一年生禾本科杂草及部分阔叶杂草，对龙葵效果差	乳油	960 g/L	60 mL/ 亩～100 mL/ 亩
乙草胺	一年生禾本科杂草及部分阔叶杂草，对龙葵效果差	乳油	900 g/L	80 mL/ 亩～100 mL/ 亩

C2 棉花苗后茎叶处理剂

见表C.2。

表 C.2　棉花苗后茎叶处理剂

有效成分	主要防除对象、特点	剂型	含量	推荐制剂量	备注
高效氟吡甲禾灵	禾本科杂草，如稗、狗尾草、芦苇、狗牙根等	乳油	108 g/L	25 mL/ 亩～30 mL/ 亩	—
			10.8%		
精吡氟禾草灵	禾本科杂草，如稗、狗尾草、芦苇、狗牙根等	乳油	150 g/L	55 mL/ 亩～80 mL/ 亩	—
			15%	33.35 mL/ 亩～66.67 mL/ 亩	
精噁唑禾草灵	禾本科杂草，如稗、狗尾草、芦苇、狗牙根等	水乳剂 乳油	69 g/L	50 mL/ 亩～60 mL/ 亩	—
			10%	30 mL/ 亩～40 mL/ 亩	
精喹禾灵	禾本科杂草，如稗、狗尾草、芦苇、狗牙根等	乳油	5%	60 mL/ 亩～70 mL/ 亩	—
		乳油	10%	32.5 mL/ 亩～40 mL/ 亩	
		水分散粒剂	20%	20 g/ 亩～30 g/ 亩	

续表

有效成分	主要防除对象、特点	剂型	含量	推荐制剂量	备注
草甘膦异丙胺盐*	一年生及部分多年生杂草，如田间已出苗的扁秆荆三棱等莎草科杂草，田旋花、芦苇、狗牙根等多年生杂草，苘麻、刺儿菜等阔叶杂草以及田边杂草等	水剂	41%	183 mL/ 亩～366 mL/ 亩	定向喷雾 / 涂抹
草甘膦铵盐*	杂草	可溶粒剂	68%	66 g/ 亩～145 g/ 亩	定向喷雾 / 涂抹
			70%	64 g/ 亩～142 g/ 亩	
草甘膦*	一年生杂草	水剂	30%	167 mL/ 亩～366 mL/ 亩	定向喷雾 / 涂抹

* 属于灭生性除草剂。

附表D　（规范性）注意事项

D.1　除草剂的选择和使用

D.1.1　根据田间优势杂草种类、杂草发生程度、土壤质地、后作和气候条件等，选用在棉花田登记的除草剂产品，棉花苗后随水滴施宜使用除草剂见附录 C 中表 C.1，棉花苗后茎叶处理宜使用除草剂见附录 C 中表 C.2，棉花播前土壤封闭宜使用除草剂见 DB65/T 4415—2021 的附录 B。

D.1.2　下潮地、冷凉地以及有机质含量 5% 以上棉田，对二甲戊灵和氟啶草酮组合、二甲戊灵和丙炔氟草胺组合的土壤处理剂的药效有较严重的影响。重度盐碱地、砂砾地以及播种采用正封土（覆膜播种的同时用田间的土覆盖种植孔）方式的棉田不宜选用丙炔氟草胺。

D.1.3　到取得农药经营许可证的农药销售门店，选购正规厂家生产的在保质期内的除草剂产品。除草剂使用之前应仔细阅读农药标签和使用说明书，除草剂的使用按照 NY/T 1997—2011、HJ 556 的规定。

D.2　环境条件

D.2.1　播前土壤封闭处理、棉花苗后茎叶处理应选择晴好天气，风速不大于 2 级，植株上无露水，24 h 内无降雨的情况下施药。

D.2.2　棉花苗后随水滴施除草剂应选择晴好天气且光照充足、气温较高的时段。

D.3　土壤条件

D.3.1　采用土壤封闭处理的棉田，施药前整地应达到地平、土碎、地表无植物残株、无残膜，搂膜应在施药前完成。

D.3.2　采用随水滴施除草剂的棉田，地表平整度标准差小于或等于 3.5 cm，滴灌带布置在窄行棉行中间或棉行旁侧约 5 cm 处。

D.3.3　砂性土壤、有机质含量低的土壤按除草剂按推荐制剂量的最低量使用。

D.4　施药机械和混土器械

D.4.1　土壤封闭处理施药器械的选择、校准、操作和清洗应符合 DB65/T 3979 和 DB65/T 4415 的规定。

D.4.2　茎叶喷雾药械应符合 D.4.1 的规定，喷头采用扇形雾喷嘴。茎叶定向喷雾使用背负式喷雾器，扇形雾喷嘴。

D.4.3　随水滴施除草剂应采用专用施药机或智能滴灌施肥系统。

D.4.4　混土作业采用平土框挂带钉齿耙和耱子反斜面向前耱耙。如采用联合整地机混土，混土深度应控制在 3 cm～5 cm。不应使用重型耙混土。

D.5　施药作业

D.5.1　采用二次稀释法配制药液，先用少量水将除草剂制剂稀释成“母液”，然后在药罐 / 药箱中加入额定容量 50% 的水，倒入“母液”，同时进行回水搅拌，再加足所需的水。充分搅拌确保药液混匀。药液应现用现配，短时存放时，应密封并安排专人保管。

D.5.2　土壤处理和茎叶喷雾施药应保证喷洒均匀、不重不漏。

D.5.3　随水滴施施药应按照滴灌系统设计压力运行，保证滴水施药均匀。

附录七　喷杆喷雾机棉田施药技术规范

1　范围

本标准规定了机采棉田选用喷杆喷雾机施药操作的人员安全防护、施药前准备、喷药操作、作业质量评定、安全要求以及施药后的处理要求。

本标准适用于指导和规范机采棉田选用喷杆喷雾机进行施药作业及其喷雾作业质量的评价。

2　操作人员安全防护

2.1　操作人员应年满 18 周岁，经过施药技术培训，并熟悉施药机具、农药、农艺等相关知识。应持有有效驾驶证件和操作证。

2.2　配制药液、施药、调整、清洗和维护喷雾机时应身着长袖衣裤、鞋袜并佩戴口罩和手套。

2.3　老、弱、病、残、皮肤损伤未愈者及妇女哺乳期、孕期、经期不应进行施药操作。

2.4　施药过程中严禁吸烟、饮水、进食，避免用手接触嘴和眼睛。

2.5　操作人员每天连续作业时间不应超过 6 h。如有头痛、头昏、恶心、呕吐等身体不适现象，应立即离开施药现场，严重者应及时到医院诊治。

2.6　施药工作全部完毕后，应及时换下工作服并妥善处置。及时清洗手、脸等裸露部分的皮肤，并用清水漱口。

3　施药前准备

3.1　农药的选择

3.1.1　根据棉花的生长期、病虫草害种类和危害程度，在当地植保部门的帮助下选择合适的农药产品。

3.1.2　选用的农药应是取得国家农药登记的合格产品。购买农药应到具有农药经营资格的经营点，购药时应索取购药凭证或发票。所购买的农药应在保质期内，具有符合 GB 20813 要求的标签以及农药包装。

3.1.3　明确防治对象，保障作物的安全性，确定对家畜、有益昆虫和环境的安全性。

3.2　施药时机的选择

3.2.1　根据病虫草害等有害生物发生特点、发生程度和药剂本身性能，结合植保部门的病虫情报信息，确定是否施药和施药适期。

3.2.2　按照农药标签和使用说明中标明的施药时间施药。

3.2.3　作业时气温应低于 30 ℃，喷除草剂时风力应不大于 2 级，喷杀虫剂、杀菌剂时风力应不大于 3 级，雨天、大雾或露水多时不应施药。风速对农药喷雾操作的影响参见附表 1。大田作物进行超低量喷雾时，不应在晴天中午有上升气流时进行。

附表 1　风速对农药喷雾操作的影响

风力等级	种类	风速 /（m/s）	可见征象	是否适合喷雾
0	无风	0.0～0.2	静，烟直上	适合
1	软风	0.3～1.5	烟能显示风向	适合
2	轻风	1.6～3.3	人面感觉有风，树叶有微响	适合
3	微风	3.4～5.4	旌旗展开	不适合除草剂 适合杀虫剂和杀菌剂
4	和风	5.5～7.9	能吹起地面灰尘和纸张， 树枝摇动	不适合，禁止喷雾

3.2.4　严禁操作人员逆风喷洒农药。

3.3　喷雾机的准备

3.3.1　喷雾机的选择

3.3.1.1　喷雾机应有检验合格证，并应通过国家规定的 3C 认证。

3.3.1.2　根据棉花不同生长期选择适合机型参见附表 2。

附表 2　机采棉不同生长期的适合机型

喷杆类型	生长期
横喷杆	播前、播后苗前的全面喷雾、作物生长前期的除草及病虫害防治
吊挂喷杆	作物生长中后期的病虫害防治、脱叶剂
气流辅助喷杆	作物生长中后期的病虫害防治、生物调节剂的喷洒等

3.3.1.3　喷洒农药对喷杆喷雾机的工作压力及车速要求参见附表 3。

附表 3　喷洒农药对喷杆喷雾机的工作压力及车速要求

喷洒药剂、肥料类型	喷雾压力 / MPa	车速 /（km/h）
苗前除草剂	0.2～0.3	4～8
苗后除草剂、杀虫剂、杀菌剂、植物生长调节剂、液体肥料	0.3～0.4	4～5
脱叶剂	0.3～0.5	

3.3.1.4　喷幅在 10 m 以上的机具应有平衡、仿形机构或液压平衡装置。喷雾机作业时喷杆远端上下摆动小于 10 cm，喷杆应设在平衡机构后，间距 40～50 cm。

3.3.1.5　根据喷雾机的喷杆类型和喷洒药剂的类型选择适合的喷头，推荐采用防滴漏喷头。禁止在喷杆上混用不同类型的喷头。喷头安装间距和作业时离地高度应根据喷洒药剂的类型结合棉花行距和棉花高度来决定。

3.3.1.6　喷雾机喷头处应安装防滴装置，在正常工作时，关闭截止阀 5 s 后，允许有 2～3 个喷头滴漏（喷幅不小于 12 m 的为 3 个；小于 12 m 的为 2 个）。每个喷头滴漏液滴数不得大于 10 滴 /min。

3.3.1.7　喷雾机用泵应具有调压、卸荷装置，在额定或最高工作压力范围内应能平稳地调压。

3.3.1.8　当关闭泵出口截止阀时，压力增值不得超过调定压力的 20%。对于装有卸荷阀的泵卸荷时，泵压应降到 1 MPa 以下，恢复载荷时，泵压应能恢复到额定压力值。

3.3.1.9　喷雾机在额定工作压力时，喷杆上各喷头的喷雾量误差不得大于 5%。

3.3.1.10　喷雾机在额定工作压力时，沿喷杆喷雾量分布均匀性变异系数不得大于 15%。

3.3.1.11　喷雾机喷杆末端距喷杆水平位置中心线上下距离不得超过 10 cm。

3.3.1.12　喷雾机应配有 4 级过滤。即加水口过滤（有自动加水功能的喷雾机应有吸水滤网）、喷雾主管路过滤、喷头过滤。至少有 1 级滤网的孔径是喷孔最小通过段直径的 1/2，其中，入水口（药箱）过滤网应不小于 150 目，泵前、泵后及喷嘴过滤器均应不小于 100 目。

3.3.1.13　药箱应有明显的容量标示线，能随时观察药箱内药液量。操作者给药箱加液时，应能清楚地看到液面的高度。药箱盖不应出现意外开启和松动现象。应有回水搅拌装置（含节流阀）。

3.3.1.14　与农药接触的零件应具有良好的防腐性能，严禁使用不耐腐蚀的材料。

3.3.2　喷雾机的调整

3.3.2.1　喷雾机与拖拉机的连接应安全可靠，所有连接部位应有安全销。悬挂式喷雾机连接后应调节上拉杆长度，使喷雾机在工作时雾流处于垂直状态；牵引式喷雾机连接前应调节牵引杆长度，以保证转弯时不损坏喷雾机。

3.3.2.2　按说明书规定的要求对机器进行试运转，并对液泵及各运动件加注机油、黄油，对轮胎充气。

3.3.2.3　保持喷雾机外露转动件及高温部件的安全防护装置和安全标志完好。

3.4　药液配置

3.4.1　配药前要仔细阅读农药使用说明书，查看注意事项。应根据农药剂型，按照农药标签推荐的方法配制农药。

3.4.2　采用“二次稀释法”进行操作，先配置母液，充分搅拌均匀，药箱加药时，要先在药箱中加入一半清水，然后加入配制好的母液，再加清水至所需容量，待药液充分搅拌均匀后即可喷洒。

3.4.3　农药取用完毕后，用清水对空农药包装容器清洗 3 次，清洗液倒入药罐中直接利用。

3.4.4　自动加水的喷雾机应先在药液箱中加少量清水，再启动机器加水。

3.5　作业参数的测定与计算

3.5.1　施药量

3.5.1.1 应根据棉花生长期、病虫草害的种类以及施药面积大小，提前做好计划，确定需用的农药量（参照产品标签和农药使用说明的规定），并根据不同的喷雾机和施药方法确定加水量，最后计算出田间施药量。

3.5.1.2 根据喷雾机药液箱容量，计算每箱药液需要的农药剂量。操作者应使用准确的计量器具。

3.5.2 单喷头喷液量

同型号的喷头安装调整后要进行喷液量测定。可利用喷头流量测试台进行测试，或人工测定。人工测定使用工具有量杯、秒表、装水容器等。测定前，药箱装上水，将拖拉机停放在平整的地面上，起动机车后定油门、泵压，待正常喷洒后用量杯或其他容器同时接水 1 min，测量每个喷头的出液量，按同样方法重复 3 次，观察其误差。如各喷嘴喷液量误差超过 ±5%，要调整喷嘴后再测，直到误差不超过 ±5% 为止（附图 1）。

附图 1　单喷头喷液量测定（左图利用喷头流量测试台测定，右图人工测定）

3.5.3 喷雾分布均匀度

采用喷雾分布测试仪来测定沿喷杆方向的喷雾分布均匀性，该测试仪每个收集槽内有一个浮球，浮球的高度反映了各位置喷药量的多少。将喷雾机停放在平整的地面上，启动机车后定油门、泵压，待喷雾稳定后，将喷雾分布测试仪平放在喷杆下面，一定时间后取出测试仪并直立，观察测试仪水槽内浮球高度（液面高度）的差异，如果液面均匀说明喷杆高度合适，如果不均匀说明喷杆高度不合适，需调整喷杆高度后再测，直至液面均匀（附图 2）。

附图 2　沿喷杆喷雾量分布均匀性测定

3.5.4　有效喷幅

喷头离地高度 50 cm，额定工作压力下喷雾，测量喷洒到地面药液的实际宽度，即为喷幅（附图 3）。

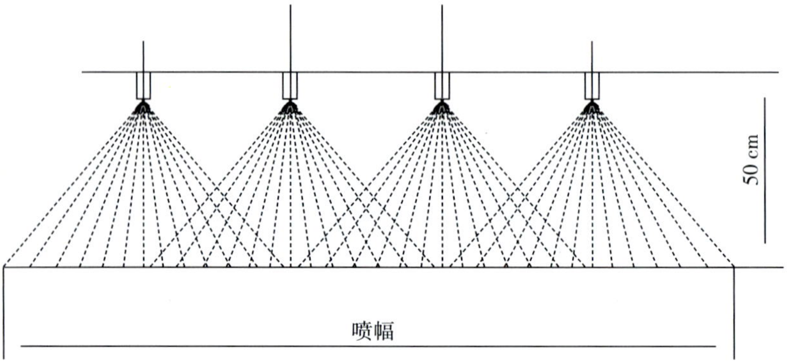

附图 3　有效喷幅

3.5.5　喷杆喷雾机行走速度

喷药前应计算喷雾机行走速度。如喷雾机实际行走速度与计算值有差值，可通过增减油门或换挡来调整速度。喷雾机行走速度的计算见公式：

$$v=600\,Q\,/qB$$

式中：

v —喷雾机行走速度，km/h；

Q — 喷雾机全部喷头的总流量，L / min；

q — 农艺要求的田间施药液量，L / hm^2；

B — 喷雾机的喷幅，m。

实测和校核喷雾机行走速度，一般采用 100 m 测定法：在田间量取 100 m 距离，用秒表计时，喷雾机以计算的速度行走 100 m，记录所需时间，重复 3 次。如与计算值有差值，可通过增减油门或换挡来调整速度。

4　喷药操作

4.1　喷杆喷雾机应在额定工作压力下，进行 30 min 运转试验，在运转中应无不正常的震动、响声、紧固件松动及渗漏。

4.2　喷洒作业中应注意风力、风向，大风天应停止作业。

4.3　无喷幅标识装置的喷雾机喷药时应在田间设立喷幅标志、标记行走线，以免重喷或漏喷。

4.4　启动前，将液泵调压手柄推至卸压位置，然后逐渐加大拖拉机油门至液泵额定转速，再将液泵调压手柄推至加压位置，将泵压调至额定工作压力，打开截止阀开始工作。

4.5 喷洒时应先给动力，然后打开送液开关喷洒，停车时应先关闭送液开关，后切断动力。在地头回转过程中，动力输出轴始终应旋转，以保持药箱内液体的搅拌，但送液开关须为关闭状态。

4.6 喷杆的安装要与地面平行，高度要适当，喷嘴一般离地高度为 40～60 cm，过低因受地形影响容易造成漏喷，过高受风影响雾滴覆盖也不均匀。

4.7 作业时机具应匀速行进。一旦发现喷头堵塞、泄漏或其他故障应及时停机排除。

4.8 作业开始后，随即检查喷药的质量。

4.9 停机时，应先将液泵调压手柄推至卸压位置，然后关闭截止阀停机。

4.10 在正常作业的第一个行程后必须校正喷药量。根据已喷面积和用药量，计算实际亩喷药量与要求药量是否相符，若有差异应进行调整。

4.11 药液接近喷洒完毕时，应切断搅拌回液管路，避免因回液搅拌造成喷头流量不均。

4.12 田间转移时，应切断输出轴动力，将喷杆折叠并固定好。悬挂式喷杆喷雾机行进速度应不大于 12 km/h；牵引式喷杆喷雾机行进速度应不大于 20 km/h。

5 作业质量评定

5.1 评定项目及合格指标

5.1.1 施药液量误差率

喷雾机在额定工作压力下喷雾时，实际施药液量与计划施药液量误差率不大于 10% 时判定为合格。

5.1.2 雾滴密度和雾化性能参见附表 4。

附表 4 雾滴密度和雾化性能

<table>
<tr><th>序号</th><th colspan="3">质量指标</th><th>指标值</th></tr>
<tr><td rowspan="7">1</td><td rowspan="7">雾滴密度 /（粒 /cm²）</td><td rowspan="2">采用低量喷雾</td><td>治虫</td><td>≥ 25</td></tr>
<tr><td>防病</td><td>≥ 70</td></tr>
<tr><td colspan="2">采用超低量喷雾防虫或治病</td><td>≥ 10</td></tr>
<tr><td colspan="2">采用风送喷雾防虫或治病</td><td>≥ 25</td></tr>
<tr><td colspan="2">采用常量喷雾防虫或治病</td><td>≥ 30</td></tr>
<tr><td colspan="2">喷洒脱叶剂</td><td>≥ 50</td></tr>
<tr><td colspan="2"></td><td></td></tr>
<tr><td>2</td><td colspan="3">雾化性能</td><td>雾滴连续、均匀，雾形完整</td></tr>
</table>

5.2 合格评定

施药液量误差率、雾滴密度和雾化性能分别满足 5.1.1、5.1.2 中合格指标时，评定结果为合格。

6 安全要求

6.1 配药应按照下列要求操作：

a）配药过程中要注意安全防护工作，严格按照技术操作规程进行作业；

b）配药地点必须远离生活用水源区，确保人畜安全。

6.2 机械操作应满足下列要求：

c）机具连接安全可靠，传动部分必须有防护装置；

d）机械作业时，严禁非工作人员靠近作业区域；

e）机械排除故障时，必须切断动力输出；

f）机具检修时必须戴防护用品；

g）机具应有永久性的安全警示标识。

6.3 作业期间做好个人安全防护。操作者应穿戴适用、安全的防护服和用具，使人体不接触药液。禁止抽烟和点燃明火，做好消防安全。

6.4 农药使用、运输和管理要严格按照 NY/T 1276—2007 执行。

7 施药后的处理

7.1 安全标记

7.1.1 喷药工作结束后应在喷药区明示警示标记。

7.1.2 在农药标签或使用说明上标注的安全间隔期内，如果需立即进入喷药区，应采取一定的防护措施后方可进入。家禽不得进入喷雾区。

7.1.3 警示标记在安全间隔期后方可撤销。

7.2 喷雾机的清洗和保养

7.2.1 每班次作业后，应在田间用清水仔细清洗药液箱、过滤器、喷头、液泵、管路等部件。

7.2.2 下一个班次如更换药剂，应先用浓碱水清洗喷雾机至少 3 次，再用清水冲洗干净。

7.2.3 泵的保养按使用说明书的要求进行。

7.2.4 当防治季节过后，喷雾机长期存放时，应清洗并清除泵内及管道内的积水，防止冬季冻坏机件。

7.2.5 拆下喷头清洗干净并保存好，同时将喷杆上的喷头座孔封好，以免杂物、小虫进入。

7.2.6 牵引式喷杆喷雾机应将轮胎充足气，并用垫木将轮胎架空。

7.2.7 将喷雾机放在干燥通风机库内，避免露天存放或与农药、酸、碱等腐蚀性物质放在一起。

7.3 剩余药液的处理

7.3.1 把剩余稀释药液和清洗液喷洒到预留的未施药作物上。

7.3.2 剩余的农药制剂应有牢靠的容器包装以及清晰的标识，以免运输过程中发生事故。

7.4　空农药包装容器的处置

空农药包装容器严禁作为他用，应分类就近交回农药经营者，不得随意丢弃。

7.5　农药的贮存

7.5.1　应按 GB 12475 的要求制订正确的贮存计划以及良好的农药贮存管理措施。待处置的农药应保存在标签完整的原容器内。

7.5.2　没有使用的农药应放回仓库或保存处存放，包装破损的农药应该全部转入到干净的、已粘贴完整农药标签的替代容器内存放。

参考文献

[1] 李香菊，梁帝允，袁会珠．除草剂科学使用指南．北京：中国农业科学技术出版社，2014.

[2] 强胜．杂草学．2版．北京：中国农业出版社，2009.

[3] 全国农业技术推广服务中心．植保机械与施药技术应用指南．北京：中国农业出版社，2015.

[4] 梁帝允，邵振润．农药科学安全使用培训指南．北京：中国农业科学技术出版社，2011.

[5] 彭军，马艳．棉田杂草发生危害及防除技术概述．中国棉花，2008，35（10）：7-9.

[6] 蔡晓虎，张玉栋，韩睿，等．不同种群密度条件下龙葵对棉花生长及生理生化指标的影响．新疆农业科学，2020，57（11）：2090-2098.

[7] 黄红娟，张朝贤，姜翠兰，等．北疆棉田杂草多样性及群落组成．杂草学报，2020，38（1）：7-13.

[8] 罗延亮，李雪玲，李辉，等．苦豆子条带对棉田捕食性天敌发生的影响．新疆农业科学，2019，56（1）：74-83.

[9] 李雪玲，罗延亮，李辉，等．田埂碱蓬带对棉田多异瓢虫种群发生的调控作用．新疆农业科学，2019，56（1）：13-22.

[10] 刘阳天，刘冰，李辉，等．北疆棉区不同杂草上草蛉发生密度及季节消长．中国生物防治学报，2021，37（4）：671-678.

[11] 余红，牛树君，胡冠芳，等．播种密度对胡麻田杂草发生及胡麻产量的影响．安徽农业科学，2016，44（27）：240-241.

[12] 张自启，刘长营，段爱菊，等．豫西冬小麦不同种植密度下杂草发生及对产量影响．杂草科学，2004，22（4）：25-26.

[13] 朱文达，张朝贤，魏守辉．农作措施对油菜田杂草的生态控制作用．华中农业大学学报，2005，24（2）：125-128.

[14] 杨继芝，龚国淑，张敏，等．密度和品种对玉米田杂草及玉米产量的影响．生态环境学报，2011，20（增刊）：1037-1041.

[15] 朱玉永，赵冰梅，王林．新疆棉田杂草发生与防除现状及对策．中国棉花，2021，48（2）：1-7.

[16] 梁金凤，魏成明，赵天格，等．多种除草剂防除棉田杂草龙葵药效试验．中国棉花，2007，34（12）：31-32.

[17] 廖英，吴云建，齐海江，等．棉田三棱草的生长特点与防治措施．中国棉花，2004，31（6）：30-31.
[18] 万勇．草甘膦异丙氨盐、草铵膦防除棉田三棱草药效试验．农村科技，2019（2）：34-35.
[19] 郝彦俊，李广阔，王剑，等．几种除草剂对棉田田旋花的防效．农药，2004，43（3）：132-134.
[20] 杨健源，杨贤智．我国杂草科学的研究与应用进展．广东农业科学，1998（5）：26-29.
[21] 张睿，刘勇增．杂草生物防治研究进展．农药科学与管理，2011，32（12）：13-16.
[22] 赵晓英，马晓东，徐郑伟．外来植物刺萼龙葵及其在乌鲁木齐出现的生态学意义．地球科学进展，2007，22（2）：167-170.
[23] 梁巧玲，陆平．新疆伊犁河谷发现外来杂草——三裂叶豚草和豚草．杂草科学，2014，32（2）：38-40.
[24] 夏国军．杂草防治方法概述．杂草科学，1969，（4）：25-26.
[25] 阎纯博，冯全德，于瑞全，等．氟乐灵棉田大面积灭草效果调查．新疆农业科学，1981（2）：22-23.
[26] 阎纯博，邢虎田，栗素芬．稻田及棉田的化学除草．新疆农业科学，1980（3）：25-27.
[27] 马小艳，马艳，彭军，等．我国棉田杂草研究现状与发展趋势．棉花学报，2010，22（4）：372-380.
[28] 温晓甜，叶非．除草剂剂型的研究与发展．农药市场信息，2008（11）：18-19.
[29] 潘亚清．我国农田化学除草现状及综合防治的研究．农机化研究，2006（6）：42-43.
[30] 张学坤，惠慧，赵静，等．新疆棉田田旋花对二甲戊灵的耐药性测定．农药，2017，56（7）：542-545.
[31] 张名恢．化学除草的选择性原理．杂草科学，1988（4）：38-41.
[32] 张朝贤，黄红娟，崔海兰，等．抗药性杂草与治理．植物保护，2013，39（5）：99-102.
[33] 张付斗，郭怡卿，许胡兰，等．土壤湿度对不同水溶度除草剂药效的影响．华中农业大学学报，2000，19（5）：437-441.
[34] 赵冰梅，朱玉永，王林．丙炔氟草胺与二甲戊灵混配使用对棉田杂草的防除效果及棉花安全性研究．植物保护，2021，47（3）：250-255.
[35] 赵冰梅，朱玉永，张强，等．滴灌使用丙炔氟草胺防除覆膜棉田杂草药效评价．农药，2020，59（8）：612-615，620.
[36] 郭世俭，赵东，周国栋，等．42% 氟啶草酮悬浮剂桶混二甲戊灵对 7 种后茬作物的安全性研究．中国棉花，2020，47（4）：14-17.

[37] 章振，郭世俭，张卓亚，等．氟啶草酮对新疆当地常见作物的安全性研究．世界农药，2021，43（12）：38-42.
[38] 赵霞，夏丽娟，李婷，等．42%氟啶草酮悬浮剂对棉花后茬作物的安全性．农药，2021，60（12）：897-899.
[39] 李儒海，武怀恒，褚世海，等．转基因抗草甘膦棉花与常规棉花对草甘膦耐受性的比较研究．中国棉花，2010，37（12）：9-11.
[40] 苏允兰，莫汉宏，安凤春．土壤中苯氧羧酸类除草剂的降解动态．环境科学，2000，21（6）：92-94.
[41] 王潇楠，齐鹏，于聪伟，等．农药雾滴雾化沉积飘失研究进展．农药学学报，2022，24（5）：1065-1079.
[42] 丁志欣，刘晨，赵冰梅，等．DB 65/T 3979—2017. 机采棉田机械施药技术规范．新疆维吾尔自治区地方标准．